如果你想成为高水平的逻辑思维者，就需要努力达到三个目标：学会使用清晰的语言；根据证据和理性来做出判断和决策，而不是让自己的想法被欲望或感情牵着鼻子走；有强烈的好奇心和求知欲，愿意终身学习，独立思考，而不是总依赖他人的领导。

——李万中，《逻辑思维简易入门》导读人，
批判性思维教育者、作家，
著有《逻辑学的语言》《思想实验》

让我们与李万中老师
一起进入逻辑思维的世界

扫描二维码，
免费获取精彩导读视频和音频

思考力
丛书

How
to
Think
Logically

Second Edition

逻辑思维简易入门

（原书第2版）

[美] 加里 · 西伊(Gary Seay) 苏珊娜 · 努切泰利（Susana Nuccetelli） 著
廖备水 雷丽赟 冯立荣 译

北京市版权局著作权合同登记　图字：01-2012-6634 号。

前言
PREFACE

这是一本逻辑学和批判性思维的入门书，但涉及的主题十分广泛，包括某些哲学和归纳问题、非形式谬误，以及命题和传统三段论逻辑。本书旨在以本科初学者可接受的方式讨论上述话题，是为并未接触过哲学以及对分析性思维十分陌生的学生设计的，行文简易、直接，专业术语数量降至最少，符号也较简单。正文中的专栏对主要内容进行了总结，旨在帮助学生重视本书提出的重要区别和基本观念。尽管本书以大学生可以理解而且容易理解的方式讲述 14 章的内容，但在阐述逻辑原理方面又十分严谨。因此，这种写作方式绝不损坏准确性。

本书可以指导我们分析、解释和评估论证。它旨在帮助学生区分好的推理和坏的推理。本书分为四部分。第一部分专门讲解论证的识别与构成。第 1 章介绍分析论证的方法，重点是论证的识别以及推论的形式和非形式方法的区分。第 2 章详细考察了建构论证的语言，研究了逻辑力量、语言价值、修辞力量、语句类型、语言使用以及定义。第 3 章考察了陈述的认知层面，陈述是推论的主要构成部分。该章解释了在如果说话者真诚且称职，那么他们所说即是所信的预设下，信念认知层面的优点和缺点都会影响陈述这一观点。第二部分专门分析演绎和归纳论证，主要区分了学生应该能识别的分属两类论证的不同子类。这一部分还讨论了宽容和忠实原则，扩展论证、省略三段论以及四类规范性论证。第三部分为学生展示思考过程中的一些基本层次混淆会如何导致有缺陷的推理，指导他们识别 20 种最常见的非形式谬误。第四部分由第 11 ～ 14 章构成，详细研究了命题逻辑确定有效性的基本程序，以及传统三段论逻辑中简化的有效性证明方法。学生在这一部分所学到的将远远超出第 5 章的内容。

依据培生出版社推荐的匿名评审以及使用本书的哲学家的建议，我们在本书中做了很多修改，包括：

- 为了更好地介绍论证这一核心主题，我们重写了第 1 章。本书中非论证的内容现在包括解释、条件句、虚构话语。

- 第 2 章在讨论了语言的比喻意义和间接使用问题之后，比较简明地介绍了定义理论。除此之外，还研究了语句类型，结合语言的使用，讨论了言语行为理论并对其进行了详细且及时的研究。
- 第 3 章较明晰地讨论了矛盾与一致性问题。
- 第 1 版第 4 章中的“评价性推理”细化为道德、法律、美学、审慎规范的论证。
- 本书在说明非形式谬误的过程中列举了许多新的、不同难易程度的实例，及时更新了第 1 版中的例子。
- 本书扩充了每章习题，并增加了新题型，学生可以在学习过程中得到更多的训练。因此，教师在做课堂讨论或布置课后作业时也拥有更丰富的选择空间。
- 我们简化了本教材的内容编排，因此，它可以更好、更经济地帮助教师达到如下目标：教导学生如何培养批判性推理技能。遵循评审反馈的意见，如果还要讲解逻辑学的内容，那么在 15 周内根本没有时间使用第 1 版所设计的“哲学角”部分，因此，第 2 版去除了这部分内容。新版引用的哲学理论极少，即使用到，也是结合非形式逻辑的内容一并讨论。

第 2 版仍然保留了前一版的许多特色。

感谢培生教育集团的编辑 Nancy Roberts 和本书的项目经理 Kate Fernandes，特别感谢培生的主编

Dickson Musslewhite，他在推出这一版的关键点上提出了有见地的指导性意见。同样感谢培生集团选择的评审哲学家们的批评。那些关于第 1 版的批评尽管很尖刻，但总是一针见血，正是它们造就了这本优秀图书的面世。

目　录
CONTENTS

第二部分　推理和论证

第四部分　再论演绎推理

PART 1

第一部分

推理的构成

第 1 章
CHAPTER1

什么是逻辑思维？我们为什么要关心它

推理的研究

逻辑思维或者非形式逻辑思维，是致力于推理研究的哲学分支。虽然在这一点上它与其他哲学和科学学科相同，但还是有一些不同的地方。例如，认知心理学和神经科学也研究推理，但它们主要关注处于推理底层的心理和生理过程。相反，逻辑思维侧重于此类过程的结果，即推理过程中信念以及构成信念的要件之间的某种逻辑关系。它也关注陈述之间的逻辑关系：当说话者真诚且称职时，这些陈述就表达信念之间的逻辑关系。

推论或论证

就逻辑思维而言，**推理**（reasoning）由逻辑关系构成。

最突出的一种关系是：一个或多个信念被用来支持另一个信念。这种关系被称为**推论**（inference）或**论证**（argument），当推理或论证主体使用一个或更多信念支持另一信念时才会获得。推论可以是强的、弱的或者不成立的。一个强推论就如：

例 1-1　所有鲸鱼都是哺乳动物，并且莫比・迪克是鲸鱼，因此，莫比・迪克是哺乳动物。

例 1-1 是一个强推论，这是因为：如果作为依据的信念（"所有鲸鱼都是哺乳动物"，并且"莫比・迪克是鲸鱼"）是真实的，那么它们要支持的信念（"莫比・迪克是哺乳动物"）也一定是真实的。但是请看例 1-2：

例 1-2　没有来自佛罗里达的橘子是小的，因此，没有来自美国的橘子是小的。

在例 1-2 中，信念之间的推论是弱逻辑关系，因为被提供的这个原因（"没有来自佛罗里达的橘子是小的"）可能是真实的，但是它要支持的信念（"没有来自美国的橘子是小的"）是虚假的。不过，例 1-2 还不是最糟的情况。在一些尝试性的推论中，用来支持另一个信念的某个信念或多个信念可能并不能达到目的。如：

例 1-3　没有橘子是苹果，因此，所有榆木都是树。

在例 1-3 中，因为"因此"出现在两个信念之间，所以很明显“橘子不是苹果”被用作“所有榆木都是树”的一个原因。但它实际上却不是。虽然这两个信念恰好都是真的，但它们之间的推论关系不成立。再来看一个不成立的推论，这次涉及虚假的信念：

例 1-4 所有律师都是瘦的，因此，现任教皇是中国人。

因为在例 1-4 中，两个信念之间毫无关系，因此它们都不能支持对方。和例 1-3 一样，推论不成立。

推论的成立和不成立是逻辑思维的主题。现在让我们更具体地看看逻辑思维是如何展开这个主题的。

逻辑和推理

逻辑思维的维度

推论是推理过程中信念或思想之间最根本的逻辑关系。逻辑思维研究这种逻辑关系以及其他逻辑关系，并着眼于：

（1）描述推理的模式。
（2）评估决定推理好坏的特征。
（3）制定能最大限度地解释好推理所具有的特征的规则。

上述每一项任务都可以看作逻辑思维的一个维度。第一个维度描述逻辑关系，其首要任务就是辨认推论的共同形式。第二个维度区分这些关系中好的和坏的特征。第三个维度制定充分推理的规则。规则能够帮助我们充分重视好推理（极度轻视坏推理）所具有的特征。三个维度及主要任务的构成如图 1-1 所示。

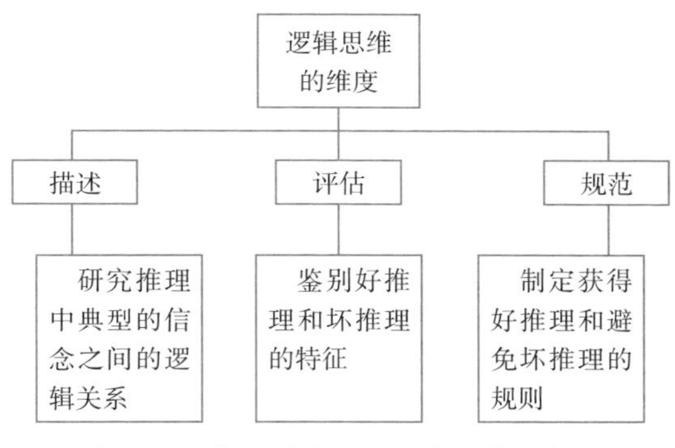

图 1-1　逻辑思维的三个维度及主要任务

了解这些维度对推理的研究是至关重要的。第三维度尤其关系到我们推理的可靠性，因此很有实用性或实际价值。它的实际价值就在于其制定的用来切实改进推理的规定。但这个维度要依靠另外两个维度，因为对充分推理有帮助的规则要求对推理确立的普通逻辑关系有精准的描述（如推论），并且还要求有足够的标准来确定逻辑关系成立或不成立的特征。

形式逻辑

我们所说的“逻辑思维”就是通常所知的非形式逻辑。非形式逻辑与形式逻辑（哲学的另一个分支）都研究推论以及其他逻辑关系，但是在研究范围和方法上有所不同。形式逻辑又称为符号逻辑，为了从作为公理的公式中推导出定理（像数学证明方法那样），它发展出了自己的形式语言。

任何形式逻辑系统都包括基本的符号表达式、形式语言的初始词汇及其运算规则。这些规则规定如何形成合适的公式，以及如何确定哪些公式是其他公式的逻辑后承。因此，在形式逻辑中，推论是公式之间的关系，即当一个公式可以从另一个或多个公式推出时，该关系成立。形式逻辑使用的符号记法可能很复杂，并且其公式也不必被转换成自然语言——特定群体共同使用的语言，如英语、阿拉伯语或者日语。就形式逻辑而言，推论就是公式之间的关系。这既不是信念之间的关系，也不是陈述之间的关系。此外，它也不等同于人们在日常推理中实际所做的推论。

非形式逻辑

与形式逻辑相反，逻辑思维则完全地集中于实际推理中的逻辑关系研究。当我们进一步思考专栏 1-1 中的问题时，就可以看到在各种常见的情况中，逻辑思维的三个维度与推理的关系。

专栏 1-1

逻辑思维的一些实际用途

刑事诉讼：被告是否有罪？我们如何提供不在场证据？

日常问题：哪所学校最好？孩子应该去私立学校还是公立学校？

科学难题：如何在两个同样充分但互不相容的科学理论间做出选择？

哲学问题：身心是同一件事情吗？

道德问题：安乐死是否符合道德标准？堕胎呢？

政治决策：这次大选我应该投票给谁？

经济决策：我应该听经纪人的建议投资这只新的基金吗？

健康问题：根据我以往的病历，锻炼对我有好处吗？我需要更多的健康保险吗？

逻辑思维用这三个维度来处理我们所做的推理以及其他问题：描述特定推论的基本逻辑关系就是对其进行评估并确定是否符合有效推理的规则。进行这些分析并不要求用形式语言，因而逻辑思维有时被称为“非形式逻辑”。虽然该逻辑也可能涉及一些特殊符号，但这不是必须的：分析完全可以用自然语言进行。此外，与形式逻辑不同的是，我们这里所说的“逻辑思维”方法研究的是信念或者信念的语言学表达（即陈述）之间的推理关系。

那么，我们为什么要关注逻辑思维呢？首先，我们想要避免虚假的信念，拥有尽可能多的真实的信念，并且这些信念之间都是以逻辑的方式相互关联的。逻辑思维正是实现这一想法的一个工具。其次，从对知识的好奇心来说，学习推理中的逻辑关系本身就是一件值得投入的事情。最后，逻辑思维能够帮助我们在实际情况中进行充分推理，这是经常发生的事情。只要我们想要更好地解决诸如专栏 1-1 中的问题，逻辑思维就有用武之地。我们每个人都会面临某个问题，例如，想要说服他人接受某个观点，写作一个有争议的话题，或者仅仅是在两个似乎站得住脚但又不相容的陈述间做出选择。要想解决这些问题，逻辑思考的能力是必需的。接下来我们将更深入地分析这个重要的思维能力。

什么是论证

在本书中，我们所说的“推论”就是一个或多个信念对另一个信念的支持关系，而“论证”是一个或多个陈述支持另一个陈述的关系。如果说话者是真诚的并且有推理能力的，那么他们就相信自己的陈述，并且他们的陈述表达了自己的信念。因而“推论”和“论证”可以是同一关系。正如信念是推理的基础部分，或者说构件，陈述是论证的构件（见专栏 1-2）。陈述和信念类似，它们都有真值，或者是真的（“苹果不是橘子”），或者是假的（“教皇是中国人”）。

专栏 1-2

论证的构件

- 陈述是论证的构件。

- 陈述有真值，因为它们表达信念，而信念是有真值的。
- 每一个陈述或者是真的或者是假的。
- 只有可以表达信念的句子才能做出陈述。
- 下列这些句子都不能做出陈述。

  表达句。如：今天天气真好！

  命令句。如：请把门关上。

  疑问句。如：上周末你都干什么了？（第2章将对此做更多介绍。）

但不是所有的陈述之间的关系都能构成论证。假设有人说：

例1-5　费城是大都市，芝加哥更大，但是纽约最大。

虽然例1-5由三个简单陈述构成，但它不是一个论证，因为没有尝试呈现一个论题，即这些陈述并没有以论题、论据的形式排列。这是三个并列的陈述。相反，请看以下例子：

例1-6　我思，故我在。

例1-7　所有律师都是代理律师，杰克·麦科伊是一名律师，因此杰克·麦科伊是一名代理律师。

例1-8　没有按摩医生是外科医生，只有外科医生可以合法地进行一台冠状动脉搭桥术，因此，按摩医生不可能合法地进行一台冠状动脉搭桥术。

例1-9　黑斑羚跑得比自行车快，玛莎拉蒂跑得比黑斑羚快，日本高速列车跑得比玛莎拉蒂快，因而断定日本高速列车跑得比自行车快。

上述每一个例子都提出了一个断言，并且至少有一个陈述支持这个断言。这是所有论证共有的基本特点：每个论证必须至少由两个陈述构成；一个提出断言，另一个支持断言。提出断言的陈述是结论，而支持断言的陈述是前提（可以有一个或多个前提）。

我们现在介绍的显然是一些特别的术语。在日常语言中，“论证”通常指“争辩”，即敌对双方或多方之间的语言交锋。但是，这与“论证”在逻辑思维中更为学术性的使用不同。逻辑思维中的论证与法庭上的“论证”相似。在审判时，每位代理律师都会提出一个论证。也就是做出一个断言（比如“我的委托人是无辜的”），然后给出一些支持该断言的理由（“案发当晚他去看望他的母亲了”）。律师这么做并不是与庭上的某个人争辩，而是声明一个主张并提供支持主张的证据。这与逻辑思维中的“论证”非常相似。一个论证是一组语句，旨在提出一个受支持的断言。根据定义可知，论证不是敌对双方的口头交锋。

在进一步分析论证之前，我们来看专栏 1-3 对我们已经知道的语句间关系的总结。

专栏 1-3

小　结

在逻辑思维中，“论证”这个术语的含义与法庭上的“论证”含义相似。

一组语句要成为一个论证，则必须有一个语句被另一个或多个语句支持。

一个论证指两个或多个陈述之间的逻辑关系，包括一个论题和一至多个论据。其中，论题做出某种断言，而论据则是支持该断言的理由。

论证分析

所有的逻辑思维者都应该具备的一个基本能力是论证分析，即图 1-2 所总结的一个技能。论证分析有什么具体的要求呢？必须知道以下 3 点：

（1）如何识别论证；

（2）如何确定论证各个部分之间的逻辑关系；

（3）如何评估论证。

识别论证就要确定构成论证的各个语句之间的逻辑关系，这对重构论证的过程是至关重要的。重构论证从仔细观察可能包含论证的口头或书面语言开始。我们必须仔细读或仔细听，才能确定是否出现了一个断言，并且有支持该断言的依据。如果我们识别出一个论题以及至少一个论据，就可以确信这段话语包含一个论证。下一步是把论证的各个部分有序地组织起来，使得论据和论题之间的关系一目了然。

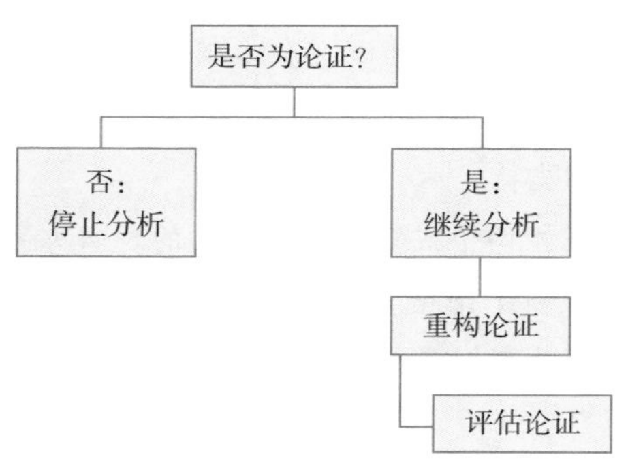

图 1-2 论证分析的步骤

重构论证是分析论证的第一步，评估论证是第二步。但在开始论证分析之前，我们要确定这段话语有没有论证。如果有，则进行重构，即首先要确认我们已经准确地找到前提和结论。为此，颠倒论证各个部分的逻辑顺序——将论题放在最后——是很有帮助的。在评估论证过程中，我们要确定论证的依据是不是真的支持论题，从而为论题提供了可靠的理由。但在评估之前，我们必须对论证进行适当的重组。因此我们需要特别注意一点：如何正确区分前提和结论。

重构论证

识别论据和论题

我们现在来重构本章前一小节的论证例 1-6 ～例 1-9。对每一个论证，我们都进行重写：将论据放在前面，论题放在后面，并给每一个语句标上数字，以便于以后引用。如果有两个或多个论据，就我们的目的而言，论据之间的顺序无关紧要。还有一个惯常的做法：在论题的上方画一条水平横线或加上“因此”等词语，来表示接下来的语句是一个论题。在重构后的论证中，我们用水平横线来表示即将得出一个论题。当你看到横线时，就会想到“因此”。论证例 1-6 ～例 1-9 的重构如下所示：

例 1-6a　1. 我思。
　　　　　————
　　　　　2. 故我在。

例 1-7a　1. 所有律师都是代理律师。
　　　　　2. 杰克·麦科伊是一名律师。
　　　　　————
　　　　　3. 杰克·麦科伊是一名代理律师。

例 1-8a　1. 没有按摩医生是外科医生。
　　　　　2. 只有外科医生可以合法地进行一台冠状动脉搭桥术。
　　　　　————
　　　　　3. 没有按摩医生能合法地进行一台冠状动脉搭桥术。

例 1-9a 1. 黑斑羚跑得比自行车快。
2. 玛莎拉蒂跑得比黑斑羚快。
3. 日本高速列车跑得比玛莎拉蒂快。
4. 日本高速列车跑得比自行车快。

例 1-6a ～例 1-9a 都至少有一个论据，但是，正如实例所示，也可能有多个论据。原则上，一个论证的论据数量没有上限。在所有这些重构后的论证中，论据都先给出，论题最后给出。但是“论据”并不表示“先出现的语句”，“论题”也不是“后出现的语句”。当然，一个论据是论证论题的理由，它的任务是支持论题。而论题是论据要支持的断言。有时候论题在一个尚未重构的论证中确实最后出现，但是这并不是必须的：论题也可以在论证的一开始就出现，或者在论证的中间——多个论据的中间。未重构的论证中的论据也是如此：虽然论据有时在一开始就出现，但这也不是必需的。论据可以在论题之后出现；或者有些论据一开始就出现，然后是论题，接下来是其他论据。论据的基本性质是用来支持另一个语句（论题）的语句。正如接下来我们看到的，论据对论题的支持有时候是成功的，有时候又会是失败的。我们再来分析一些论证：

例 1-10 特丽莎阿姨不会给下周的共和党初选投票，因为她是民主党派，而民主党派不会给共和党初选投票。

例 1-11 西蒙的手机会在大都会艺术博物馆引发事故，因为艺术博物馆不允许在画廊中使用手机，而西蒙的手机总是一直响。

例 1-12　油耗越来越高了，所以我应该尽快把这辆 SUV 卖掉！毕竟，保有这辆车太费钱了，而且 SUV 比一般的车更污染环境。

每一个论证的论题都用下划线标出。你可以看到例 1-10 和例 1-11 的结论都是一开始就出现，随后是两个论据。但在例 1-12 中，一个论据先出现，然后是论题，最后是另外两个论据。

论据和论题的指示词

我们知道一个论证的论题是用来支持某个断言或结论的句子。但是在实际的论证中，我们怎么来区分论据和论题呢？就我们目前为止在所有的例子中所看到的，自然语言中论证的论据和论题会以各种方式出现。那么我们怎么来区分呢？幸好有一些词和短语可以帮助我们。主要有两类：论据指示词和论题指示词。论据指示词表述方式如下：

because（由于）	given that（倘若）
as（根据）	for the reason that（理由在于）
follows from（从……推出）	since（因为）
assuming that（假定）	whereas（鉴于）
inasmuch as（缘于）	is a consequence of（是……的结果）

for（因） provided that（在……条件下）
after all（毕竟） in that（原因是）
considering that（考虑到）

当我们看到其中一个表述时，通常意味着接下来出现的是一个论据。也就是说，任何一个这样的表述（或其他类似的表述）都可能出现在作为论证论据的语句前面。在前面的一些例子中也可以看到。再来分析：

例 1-10 特丽莎阿姨不会给下周的共和党初选投票，因为她是民主党派，而民主党派不会给共和党初选投票。

例 1-11 西蒙的手机会在大都会艺术博物馆引发事故，因为艺术博物馆不允许在画廊中使用手机，而西蒙的手机总是一直响。

在例 1-10 中，“因为”就是一个论据指示词；在例 1-11 中，论据指示词是“因为”。在例 1-12 中，“毕竟”是其中一个论据的指示词：

例 1-12 油耗越来越高了，所以我应该尽快把这辆 SUV 卖掉！毕竟，保有这辆车太费钱了，而且 SUV 比一般的车更污染环境。

但是我们还是要小心。这只是一种概测法，并不是百分之百可靠的；这些词和短语并不总是指示一个论据的出现，尽管很多情况下是这样。如何识别这些指示论据是否出现的表述是一个在实践中习得的技能，做完本章的练习你可能就会掌握一部分。

论题指示词也有不同的可靠度。这里是论题指示词的一个列表：

therefore（所以）

suggests that（表明）

from this we can see（据此我们可以看到）

thus（因而）

hence（因此）

accordingly（由此可见）

we may conclude that（我们可以推断）

recommends that（说明）

so（故而）

supports that（证明）

we may infer that（我们可以推出）

for this reason（基于这个原因）

entails that（暗示）

consequently（可得）

it follows that（可推得）

as a result（因此）

当我们看到一个论题指示词时，通常意味着一个论题的出现。在本章的例子中，我们可以看到一些论证包含这类指示词。在例 1-6 中，“故”是论题指示词，正如例 1-7 中的“因此”：

例 1-6　我思，故我在。

例 1-7　所有律师都是代理律师，杰克 · 麦科伊是一名律师，因此杰克 · 麦科伊是一名代理律师。

在例 1-8 中，论题指示词是“因此”；在例 1-9 中，则是

“因而”：

例 1-8　没有按摩医生是外科医生，只有外科医生可以合法地进行一台冠状动脉搭桥术，因此，按摩医生不可能合法地进行一台冠状动脉搭桥术。

例 1-9　黑斑羚跑得比自行车快，玛莎拉蒂跑得比黑斑羚快，日本高速列车跑得比玛莎拉蒂快，因而断定日本高速列车跑得比自行车快。

同样的，在做本章的练习时你会得到更多识别论题指示词的锻炼。但是，就如刚才所说的，论据和论题的指示词只是在多数情况下可靠，而并不是在所有情况下都可靠。那么，什么情况下这些表述不是论据或论题指示词呢？来看下面的两个例子：

例 1-13　自从 1979 年第一次到纽约，马克思每天都读《每日新闻报》。

例 1-14　爱丽丝拿出一张她自己的健康保险证书，因为她的雇主没有把健康计划作为雇佣合同的一部分。

例 1-13 中“自从”引导的语句并不表达论据。尽管这个句子有两个语句，但是它们并不等于一个论证，因为任何一个句子都没有支持另外一个。这里的“自从”只是作为一个时间参照：这个句子描述了发生在过去并且持续了一段时间的一个行为。例 1-14 有两个语句，但是把它们之间的关系看作一个论证是错误的。相反的，其中一个语句对另一个语句做出了解释：后一个语句用来解释——而不是支持——前一个语句所描述的行为。以下是论据指示词并不引导论据的另一个例子：

例 1-15　维护和平最好的方法就是为战争做好准备。作为维护和平的一个手段，裁军肯定是不行的。

这不是一个论证，因为任何一个语句都不是用来支持另一个语句的（事实上，两个语句都在说同一件事情）。这就使我们怀疑第一个语句中的“为”（for）和第二个语句中的“作为”（as）根本不是论据指示词。这个怀疑是正确的，虽然这两个词有时候是论据指示词，但是在例 1-15 的两个语句中都没有引导论据。

同样的，我们要牢牢记住：一边做练习，一边学习如何识别此类词语何时作为指示词。就像学习骑自行车一样，在学习的过程中会掌握得越来越好。尝试越多次，就会越准确、越容易区分出这些词的功能。稍后你会在练习中得到一点锻炼。

没有前提指示词或结论指示词的论证

然而，此刻还有一个问题必须注意：并不是所有的论证都有论据或论题指示词！有些论证没有任何论据或论题指示词。在这种情况下，除了问你自己，没有其他可靠方法来识别论据和论题。这些问题是：“做出了什么断言”和“哪些语句用来支持所做出的断言”。前者对应于论题，后者对应于论据。请看以下例子：

例 1-16 鳄鱼事实上根本不危险。我在电视里看到过很多次，它们看起来很平和。并且我记得看过保罗·霍根在电影《鳄鱼邓迪》中跟一只鳄鱼搏斗。

坦白讲这是一个论证——一个相当糟糕的论证，并且它没有任何指示词。即便如此，我们也能轻松地知道哪一个是论题——第一个语句。这是因为第一个语句是另外三个语句所支持的一个断言。这里稍显笨拙的支持并不能改变后三个语句作为论据的事实。这只能说明论证并不成功：没有很好的理由让人接受论题。在例 1-16 中，我们实际上并不需要指示词来识别论据和论题。当论证确实有某些论据或论题指示词时，这通常就足够让你知道哪个是论据，哪个是论题。对于那些没有任何指示词的论证，只要问出上述的问题就足以解决问题。

论证和非论证

解释

我们已经知道，通过检验一个论证的某些语句是否支持一个断言，就可以将论证与语句间的其他逻辑关系区分开来。如果没有这样的语句，那么这就不是一个论证，而是其他东西！我们还知道有些词和短语通常指示一个论证的出现，因为它们可以帮助我们认出论据和论题。问题在于这些词和短语（如“因为”“由于”和“结果是”）常在解释中出现，很多哲学家都认为解释根本不是论证。针对目的而言，我们只是假定解释与论证有很大的不同，因此逻辑思考者需要一个可靠的方法来说出二者的区别。

解释通常与论证非常相似，因为解释和论证都是语句间的一种关系：一个或多个语句为另一个语句提供理由，后者是要做出的断言。但是论证和解释中的理由有很大不同。

1. 在论证中，理由（论据）是用来支持一个思考者认为需要支持的断言（论题）。
2. 在解释中，理由是用来解释一个思考者认为不需要支持的断言所描述的事件或事态。

考虑如下语句间的关系：

例1-17　2008年的股市暴跌，因为大型银行鲁莽地开展房屋抵押贷款——后来都成了坏账，投资者对主要证券交易所交易的很多证券都失去了信心。

例1-18　股市不是小投资者的现实投资环境，因为小投资者无法承受可能带来巨大收益的风险，并且市场波动会使那些没有足够资金储备的投资者时刻面临破产的危险。

例1-17和例1-18都用了通常作为论据指示词的“因为”，但是它只在其中一例中作为指示词。你能找出是哪一个吗？是例 1-18，因为例 1-18 的理由是用来支持论题的结论的。而在例 1-17 中，论证者已经接受了 2008 年股市暴跌，然后提供了说明性的原因来解释这个事件。要注意在例 1-18 中，论题一开始就出现“股市不是小投资者的现实投资环境”的断言，然后是另外两个提供理由支持我们接受该断言为真的语句。（这个断言是真的吗？可能真，也可能假！我们不需要判断！我们只需要知道这是一个论证的论题，因为论证者用这个论证的论据来支持它。）

相反，在例 1-17 中，解释是从论证者已经接受为事实的一个语句开始的：2008 年股市暴跌。另外两个语句并不是为支持我们接受第一个语句而提供的理由（毕竟，我们不需要被说服接受“2008 年股市暴跌”），而只是用来解说该事件发生的理由。

因此，论证和解释都可以看作语句间的一种逻辑关系。在论证中，逻辑关系存在于某个断言和用来为接受“该断言为真”提供理由的语句（一个或多个）之间；在解释中，逻辑关系存在于思考者已经接受为真的某个断言和用来解释该断言为什么或如何为真的语句（一个或多个）之间。因此，解释与论证是不同的，并且辨别两者的差别是十分重要的。

条件句

解释不是唯一一种容易与论证相混淆的逻辑关系。还有一种是通常表示为“如果……那么……”的句子，它被称为

“条件句”，用于构成复合句。稍后我们将对此做适当的展开。这里我们只要记住：虽然条件句也是论证的构件（事实上，这很常见），它们本身却不是论证。让我们来分析原因。回忆一下，根据前面对“论证”的定义，一个论证不能少于两个语句，即任何一个论证都要完成两个独立的功能：①做出一个断言；②为该断言提供某种假定的支持。显而易见的，这就要求一个论证至少有两个独立声明的语句。但条件句就不是如此。如：

例 1-19　如果海因茨是一个归化公民，那么海因茨不是出生在这个国家的。

这是一个条件句，即由两个简单语句通过“如果……那么……”组成的复合语句。那么，它是在断言海因茨是一个归化公民吗？不是！它是在断言海因茨不是出生在这个国家的吗？不是！总的来说，它所断言的全部，就是两种可能性之间的一种假定关系，即如果海因茨是一个归化公民，那么海因茨不是出生在这个国家的。但是这两个可能性中任何一种是否确实如此，它什么也没有说。这是条件句的典型代表。比较下面这句：

例 1-20　海因茨是一个归化公民，因此，海因茨不是出生在这个国家的。

例 1-20 是一个论证。这里的“海因茨是一个归化公民”是用来支持“海因茨不是出生在这个国家的”的论据。辨别条件句的底线是：

> 一组语句是否构成论证取决于语句之间在逻辑上如何关联。

虚构话语

与上述原因类似，句子间的很多其他关系也不构成论证。这不仅包括纯描述性或说明性的段落，也包括小说和诗歌中的语言。其原因在于逻辑思考者的目的之一是评估论证，这就要求我们考虑：如果一个论证的所有论据都为真，其论题是否必须为真（第 5 章将有更多相关内容）。但是，严格来讲，虚构作品中的句子并不是语句，即使是那些看起来描写了事实的句子。它们是非真非假的。比如，“雾都孤儿生活在伦敦”是非真非假的。原因很简单：“雾都孤儿”不是一个真实的人名，而是狄更斯创作出来的一个虚构人物。（任何打算去伦敦参观雾都孤儿房子的人都是可笑的。）“哈克贝利・费恩是吉姆的朋友”或“凯莉・布拉德肖很聪明”哪个是真？都是非真非假，因为哈克贝利・费恩、吉姆和凯利・布拉德肖都是虚构的人物。现实世界中没有使得这些句子为真或为假的事实。因此，在虚构的语言中，像一般的歌词和诗歌中的句子，他们的语句真值是最有歧义的。既然这样的语言不能用来构造可评估的论证，我们就认为任何虚构小说的段落都不是论证。

第 2 章
CHAPTER2

用逻辑思考 用心说话

理性接受度

逻辑关联性

可接受的思维必须具备逻辑关联性和理由的支持。论证中的逻辑关联［当（至少）一个语句受其他语句支持时］是最显著的。在论证中，前提和结论间的逻辑关联强度与论证本身的强度成正比：论证各个部分之间的逻辑关联性越大，论证就越强。因为语句是信念的表达，所以信念和推断间也有这样的关系。如：

例 2-1 吸烟与早期肺部疾病有关联使得人们反对吸烟。

例 2-1 描述了前提（吸烟与早期肺部疾病有关联）与结论（可以写作“人们不应该吸烟”）之间的逻辑关系。这样的描述就揭示了我们所说的“逻辑关联性”这一特点。相似地，当我们说一个语句是一个前提、原因、结论或由其他语句得出时，就是指逻辑关联性。

逻辑关联性是一个程度问题：信念之间的有些关系可能是绝对的，另一些可能只是部分的。此外，有些信念组可能完全不具备逻辑关联性。比如：

例 2-2 佛罗里达处于墨西哥海湾，墨西哥海湾的任何一个州都是暖冬，因此，佛罗里达是暖冬。

例 2-2 的逻辑关联性非常高，因为前提有力地支持了结论：如果前提为真，结论必定为真。相反地，例 2-3 的逻辑关联性就比较低，因为这是一个薄弱的论证。虽然前提为真，但是结论却可能是假的。

例 2-3 佛罗里达是暖冬，夏威夷和得克萨斯也是如此，由此可见，美国的大多数州都是暖冬。

再来看一个前提和结论没有任何逻辑关联性的论证：

例 2-4 佛罗里达是墨西哥海湾的亚热带州，所以，计算机已经代替了打字机。

例 2-2 ～例 2-4 的逻辑关联性逐渐减弱。例 2-2 的逻辑关联性最高。认识到这一点并且知道前提为真的逻辑思考者，如果不是犯了严重的推理错误，就不能否认例 2-2 的结论。逻辑关联性部分决定了一个论证是不是理性可接受的，即该论证是否可以算作可接受的推理。例 2-3 和例 2-4 都不能算是理性可接受的：不具备足够的逻辑关联度，而例 2-4 根本没有逻辑关联度。两者都不是逻辑思考者应该做出的推理模型。

我们应该进行的推理是具有良好逻辑关联性的信念，只要这些信念同时满足其他条件，如基于可靠的理由或证据。可接受的论证对我们的逻辑思维能力来说是十分关键的。此外，当一个论证被用来说服对方时（例如，说服受众或赢得一场辩论），理性接受度的任何欠缺都会使得论证容易遭到反对。见专栏 2-1。

专栏 2-1

逻辑关联性和推论

- 一个论证的理性接受度取决于论证的逻辑关联性，以及需要证据支持的前提是否都得到了支持。
- 一个论证的逻辑关联性存在于论证的前提与结论的关系中。逻辑关联性的任何欠缺都会破坏论证的理性接受度。

证据支持

很多信念的理性接受度都取决于证据。证据来源于观察信息，不论它是推理者自己获得的还是通过可靠的来源得到的。这类信念是经验的，如果总体证据指明其为真，这类信念就受到支持。一个信念的“总体证据”包括了思考者在某个时间可能获得的所有相关信息：既包括支持该信念的证据，也包括反对该信念的证据。所以一个信念的总体证据要求谨慎考虑任何指其为假或为真的信息。因此，总体证据是两类部分证据的总和。如果一个信念是经验的，对总体证据考量的结果如以下两方面之一：

情境		证据支持状态
Ⅰ 大部分相关证据指其为真。	➡	信念受证据支持
Ⅱ 大部分相关证据指其为假。	➡	信念被证据推翻
Ⅲ 证据一分为二，一半指其为真，另一半指其为假。	➡	信念不受证据支持

只有情境Ⅰ的信念可以说是“受证据支持”的。

要注意的是，虽然理性接受度同时要求逻辑关联性和证据支持，这两者却是相互独立的。毕竟，任何推理都可以只具备其中一个。例如：

例 2-5　任何打破镜子的人都会倒霉七年，今天我打破了一面镜子，因此，我会倒霉七年。

例 2-5 具有逻辑关联性，因为前提为真，结论也为真。但是我们还知道，证据并不支持其中一个前提：任何打破镜子的人都会倒霉七年。因此，例 2-5 并不是一个理性可接受的论证。

我们在任何时候进行推理时，都应该

- 最大化信念之间的逻辑关联性。

- 选择受证据支持的信念。

真值和证据

对信念的证据支持来说，最重要的不是信念本身为真，而是思考者可获得的总体证据指示其为真。这就要考虑很多种可能。首先，一个假信念可能受证据支持。请思考下例：

例 2-6　地球没有自转。

对于中世纪的人们来说，这个信念是受证据支持的。在他们所能分辨的范围内，这个信念是真的（所有可获得的信息都指示其为真）。但是例 2-6 是假的，因此中世纪的那些人弄错了。同时，一个真信念也可能没有证据支持，如例 2-7 所示，20 世纪之前还没有足够的证据能够证明原子的存在。

例 2-7　存在原子。

真值和证据是不同的概念，两者不能混淆。真值关注事物的状态，一个信念为真当且仅当事物确实如信念所表述。证据则涉及思考者可获得的关于事物状态的信息——这些信息最终可能是误导性的，甚至是假的。真值和证据两者之中，只有证据与理性接受度有关。但这并不会破坏真值的重要性，真值就其本身而言无疑是可取的，只要人类本质上具有求知欲。

本节小结，如图 2-1 所示。

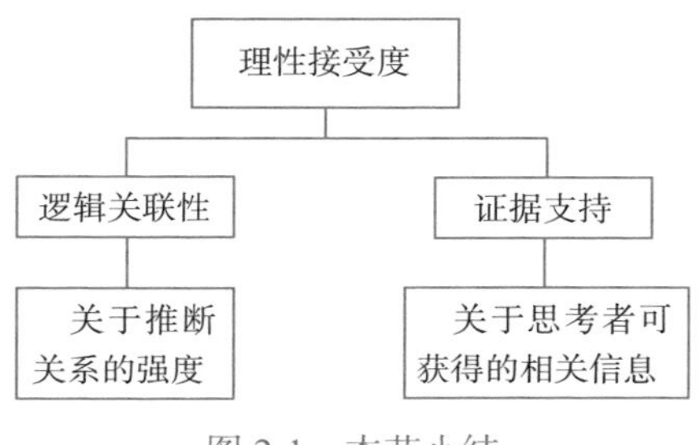

图 2-1 本节小结

理性接受度之外

语言标准

目前已知的构成信念理性接受度的特征也出现在语句中。思维和语言至少在以下几个方面是类似的：

当说话者是真诚的并且有能力清楚地表达自己时，

- 他们的语句表达他们所相信的事物；
- 他们的论证表达他们所做出的推断。

除了理性接受度，语句还可能有一些其他的要求。最突出的是语言标准——语法、句法和诸如简洁、用词恰当等文体因素的组合以及合乎语法规则性。语言标准是书面语言或口头语言最应具有的一种品质。从美学的角度来说，语言标准促进对表达的赏析。同时语言标准也是我们理解所说内容的基础所在。当一个推断写成文字时，就必须达到一定程度的语言标准，因为我们需要这些指标来理解所说的内容。但是，在理解这个范围之外，语言标准与理性接受度毫无关系。有些语句可能不符合某些语言标准，但同时却是理性可接受的，例如表达得不好但却做出了一个前提受证据支持的有力论证。也有一些语句很符合语言标准，但不是理性可接受的，这可能是那些表达得很好但缺乏逻辑关联性或证据支持，或者两者都缺少的语句。

修辞力

另一个独立于理性接受度的必要特征是修辞力，它是说服性交流的一个特征。语言和非语言因素都会影响修辞力。例如，充满感情的措辞和语调会增加某人所说内容的修辞力，而不标准的发音或语法则会降低这种能力。影响修辞力的非语言因素有说话者的口音、举止、外表，在书面语中的出版说明，甚至字体和版式。有时一个语段或一段话语具有很明显的感情因素，而这种感情增加了话语的修辞力。有时修辞力以更细微的方式隐藏，从而引发各种心理反应。当我们考虑一个假定推断的修辞力时，我们就是在问基于这些因素的推断是否确实具有说服力。然而我们还应该牢牢记住，这些因素都与推断的理性接受度无关。

因此，就像语言标准一样，修辞力也不在逻辑思维注重的范围内，因为修辞力不会对一个推理的合理接受度有任何提高。它是任何一种成功说服目标受众的交流所具备的特征——

尽管有时不是以严格理性的方式。有些缺乏理性接受度的推理事实上可能具有很强的修辞力，例如，当该推理是由一个懂得如何推销想法的很有技巧的说话者提出时。另一方面，具有理性接受度的推理事实上可能缺乏修辞力，例如，推理太过复杂和困难，使得听众无法理解而拒绝。由此可见，理性接受度与修辞力是相互独立的，它们的存在不依赖于对方。

逻辑思考者的要点是：

- 注意：虽然说服受众接受自己的信念是一件好事，但是必须用正确的方式进行，即说服要具备理性接受度。

修辞学与逻辑思维

一个好的修辞学家，无论是在书面语还是口语中，都应该善于说服别人。最好的修辞即是最成功的说服——赢得受众。在某些情况下，成功的说服可能采用诉诸情感或与理性接受度无关的其他因素，因为它们既不会增加也不会降低逻辑关联性和证据支持。政治演说家的一流演讲可以激起支持一场对外战争的爱国主义和民族主义浪潮，在总结陈词时让被告母亲出庭的辩护律师可能成功说服观众。但是在任何一种情况下，我们都可能怀疑观众是否有很好的理由被说服。

说服的艺术不是逻辑思维，而是修辞所研究的内容。修辞主要研究能够提高修辞力的各种技巧。相反，逻辑思维集中研究理性接受度。它是充分推理的标准，即应该说服我们的标准。我们必须时常注意薄弱推理和误导性推理的各种警示信息，从而避免掉进说服者不择手段或不小心埋下的陷阱。

从思维到语言

命题

我们已经知道，推断是至少有一个信念支持另一个信念时产生的逻辑关系，也可以是有一个或多个语句支持另一个语句时产生的逻辑关系。这样的推断通常称作“论证”。任何一个论证都是推断的语言表达。正如信念是推断的构件，语句是论证的构件。

那么，究竟什么是语句呢？粗略地说，语句是用语言表达各自信念的标准方式，只要说话者是真诚的，并且有能力表达自己。来看例 2-8：

例 2-8　雪是白色的。（Snow is white.）

当某人思考例 2-8 时，他就是在思考雪是白色的这个信念。表达该信念的标准方式就是说雪是白色的。不论是大脑中的信念，还是用词语表达的语句，例 2-8 都具有以下内容：

例 2-9　雪是白色的。（That snow is white.）

例 2-9 表达了雪的某种状态（白的）。这个内容是完整的，因为它表达了一种状态。并且如果雪确如所表达的那样，那么例 2-9 为真；但是假如不是，例 2-9 为假。这种内容就称为“命题”。当事物确如命题所表示的那样时，命题为真，反之为假。既然任何信念或语句都有一个命题作为其内容，则信念或语句也具有两种真值中的一种：

- 任何信念或语句都是非真即假的。

例 2-9 很好地说明了这一点，其真值通过应用如下规则确定：例 2-9 为真当且仅当雪是白色的，例 2-9 为假当且仅当雪不是白色的。对于我们所考虑的每一个信念或语句的内容，我们都可以通过同样的方法来确定其真值条件。

因此，命题具有真值条件，即一个命题为真所必须满足的条件。与概念相比较，我们会发现概念也是内容，但没有真值条件。例如：

例 2-10 雪。

与例 2-9 相比，例 2-10 是不完整的，因为例 2-10 既非真也非假。例 2-10 的真值不能确定，因为它没有真值条件。例 2-10 为真究竟要满足什么条件呢？单独的概念不具备专栏 2-2 中的真值条件规则，因而就没有真值（也就是说，它们既非真也非假）。尽管单独的概念也是命题的构件，但是它们本身不是命题。

还要注意的是，当不同的语句具有完全相同的信息内容时，它们表达同一个命题。因为在这种情况下，语句都表达了同一个事态，所以就有相同的真值条件。例如，例 2-8 的西班牙语和法语翻译是不同的语句，因为用来组成这些语句的句子不同，如下：

例 2-11　La nieve es blanca.

例 2-12　La neige est blanche.

但是，例 2-8、例 2-11 和例 2-12 的内容相同，因此表达了同一个命题，即上述的例 2-9。

专栏 2-2

真值条件

一个命题为真当且仅当事物确如其所表述，一个命题为假当且仅当事物并非其所表述。

语言的使用

通过使用语言，我们可以实现言语行为。换句话说，简单地通过发出（说或写）某些话，可以实现做事的目的，包括：接受或拒绝命题、提出问题、做出承诺、提出要求、表达个人感觉、问候、道歉、投票等。可以根据我们意欲听众如何理解我们的话语，对言语行为进行分类。一般来说，我们使用语言主要想达到以下目的：①描述事实；②使听众做某事；③表达我们的内心世界；④表明我们对某个事态的承诺。相应地，我们的话语主要分为以下四类，而每一类都由很多言语行为构成，如图 2-2 所示。

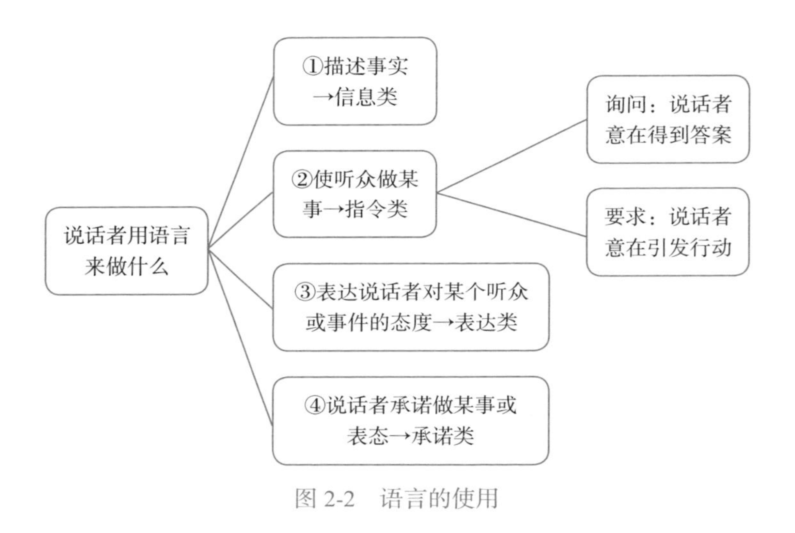

图 2-2 语言的使用

A. 信息类：声称、断言、确认、报告、声明、否认、宣告、确定、通知、预测、回答、描述等。例如，声称被告涉嫌犯罪的言语行为。

B. 指令类：规定、要求、建议、告诫、恳求、乞求、驳回、宽恕、禁止、允许、指示、命令、请求、建议、督促、警示等。例如，规定我们应该尊重父母的言语行为。

C. 表达类：感叹、后悔、道歉、祝贺、问候、感谢、接受、拒绝、反对、欢呼等。例如，为粗鲁的言行道歉的言语行为。

D. 承诺类：承诺、宣布休会、打电话订购、遗赠、洗礼、担保、邀请、志愿服务、命名等。例如，给某人的猫命名为“费利克斯”的言语行为。

信息类话语旨在描述事物的状态。例如，表达某个事物具有（或不具有）某个性质（“雪是白色的”）的语句，或一个事物与另一个事物以某种方式相关联（“雪比冰软”）的语句。指令性话语旨在引发听众的反应，不管是回答例 2-13 还是行动例 2-14。

例 2-13　这条线有多长?

例 2-14　把盐递给我!

禁止是制止做某事的要求，所以也是指令类。例如：

例 2-15　宠物不得入内。

如例 2-16 所示，表达类话语旨在交流说话者的心理世界，包括态度（如希望、害怕、愿望，等等）和感觉（如后悔、感激、接受、拒绝、恼怒、生气，等等）。

例 2-16　天哪!

承诺类话语表达了说话者的意图，意欲引起某个事态的发生，如：承诺（例 2-17）、宣布休会、同意、馈赠等。

例 2-17　在美国电信，我们保证你——我们的顾客，可以无限制拨打本地电话。

话语可以引发此类事态，当然，必须是在满足某些条件的前提下。“我把我的法拉利馈赠给你”的话语，必须在“我拥有一台法拉利”的前提下才有效。

最后要注意，只有信息类表达（如“雪是白色的”）有直接的真值条件：表达为真当且仅当事物确如其所表述，反之为假。在大多数情况下，其他类型的表达都没有真值条件，尽管他们的确需要满足更多特殊的条件以使得表达成功。因此，如例 2-13 ～例 2-17 所示，说指令类、表达类或承诺类表达为真（或为假）都是无意义的。

句子的类型

一个句子属于四种类型中的哪一种取决于其语法形式。自然语言允许构造各种不同语法形式的句子，且都可以被归入专栏 2-3 所示的基本类型。

专栏 2-3

基本句型

陈述句：

- 描述事态
- 其中的动词是陈述语气
- 主要用于传播信息

疑问句：

- 用于从听众那里获得回复
- 具有问号或疑问语调

- 主要用于提问

祈使句：

- 用于从听众那里获得回复
- 具有问号或疑问语气
- 主要用于提出请求或表达愿望

感叹句：

- 用于传递说话者的情感或强烈的观点
- 具有感叹号或强调语气
- 主要用于传达情感

陈述语气的句子是陈述句，如“雪是白色的”。虽然这类句子是从信息的角度使用语言的主要工具，但它们有时也用来表达指令性（如“旅客最好不要离开自己的行李”）、承诺性（如例2-17）以及表达性话语（如“我希望绳子足够牢固”）。此外，祈使句主要用于表达要求（如例2-15）和愿望（如“玩得开心”）；疑问句用于表达询问（如例2-13）；而感叹句用于表示表达性话语（如例2-16）。不过，后面的几个句子可以通过加强语气变成要求（如例2-14）和声明（如“国王死了！”）。有些句型虽然与语言的使用类型之间没有一对一的关系，但它们与语言的某些类型的使用结合得更好，除了疑问句之外。请看下列总结，见图2-3。

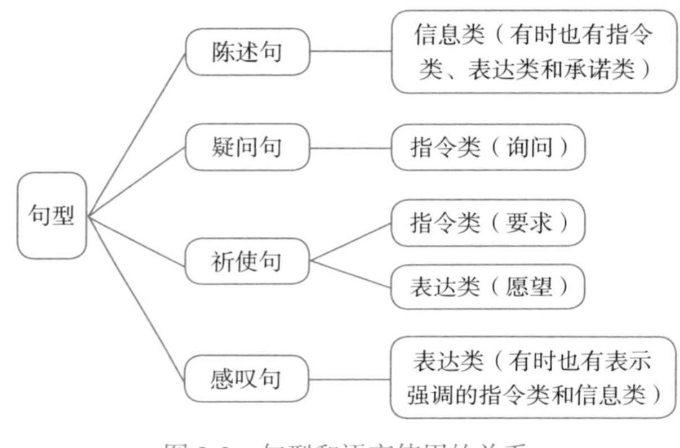

图 2-3 句型和语言使用的关系

间接使用和比喻语言

就逻辑思维而言，任何可能掩盖语句及其所表达的信念之间重要逻辑关系的语言现象都是不受欢迎的。现在我们来分析此类现象：

- 比喻语言：一个语言表达可以以比喻的方式传递与其字面意义不同的含义。
- 间接使用：一个言语行为可以通过不同的言语行为来执行。

在自然语言中，这类现象很常见，因而使得语言丰富多彩。虽然非形式逻辑不能完全避免这类大多在自然语言中出现的现象，我们还是要遵守以下规则：

研究非形式逻辑时，

1. 允许语言的间接使用和非字面意义的使用。
2. 如果可能的话，
   - 将间接表达转换为直接表达。
   - 将非字面意义的表达转换为字面意义的表达。

间接使用

为了理解语言的间接使用，我们需要仔细分析一些特殊的言语行为。用一种类型的言语行为来执行另一种类型的言语行为就是语言的间接使用。我们把例 2-14 重写为：

例 2-14a　你能把盐递给我吗?

例 2-14a 所执行的直接言语行为就是提出一个关于听众是否有能力把盐递给说话者的问题。但在大多数情况下，这个话语不会被解读为提问题，而是要求把盐递给说话者。一个类似的间接言语行为可以由下面这个话语来完成：

例 2-18　如果没有艺术，人类的生命会是怎样呢?

对于研究人类与艺术关系的心理学家，他们很可能用例 2-18 来提问题。如果这样的话，执行的就是直接言语行为。但例 2-18 也可以用来主张艺术对人类生命的必要性。在这种情况下，执行的就是“声明”的间接言语行为。这种间接言语行为的可能性使得句型与言语行为类型之间的关系更为复杂。但是，无论是否直接使用语言，图 2-3 中的关系都成立。

一个相关的问题是虚构语言，包括小说、诗歌、歌词等使用的语言。正如我们在第 1 章所看到的，虚构的句子看起来似乎传达了信息，但是它们却不能陈述命题。因此，从非形式逻辑的角度看，它们只是体现了语言表达能力。

比喻义

有时候语言表达用来传递不同于它们通常所具有的意义。这时候的表达就具有比喻或非字面意义。当一个语言表达的意义由其各个部分的标准意义以常见的方式组合而成时，该表达具有非比喻意义或字面意义。（表达的组合非常重要，看一个简单的例子："玛丽帮助海格力斯"不表示"海格力斯帮助玛丽"，即使两个表达的每个部分都是同一个标准意义。）隐喻是比喻义最常见的一个类型。例如：

例 2-19　你是一头驴。

"驴"的字面义包含了与通常作为驮畜的家驴类似的元素。一个人对一头驴说例 2-19 就是在使用"驴"的字面义。但例 2-19 可以用来比喻某个人很顽固，或者对什么不能理解（如，不能理解一条定理）。这时的"驴"就不是用作字面义，因此例 2-19 是一句比喻。类似地，在和平对话中，例 2-20 也是用作比喻义：

例 2-20　巴勒斯坦和以色列的谈判已经进入停滞期（plateau，本义为“高原”）。

在论证重构中，只要可能，就重写论据和论题，使它们仅描述陈述句、直接言语行为、字面义。假设有人提出：“你目前的投资策略是房地产，你疯了吗？如果一个投资连续五年亏损，就不是一个好的投资策略，而房地产在过去五年一直亏损。”这里的结论（你疯了吗？）必须重写成表达听众现有投资策略不好的直接言语行为。质问听众是否“疯了”不能明确表达结论。另外，“疯了”的比喻说法也应该用可以字面解读的词语代替。经过重构之后，这个论证变成下面的样子：

1. 你目前的投资策略是房地产。

2. 如果一项投资策略连续五年亏损，就是一个不好的投资策略。

3. 房地产在过去的五年都亏损了。

4. 你目前的投资策略不好。

定义：解释不清楚的语言

推理中的逻辑关系可能会被语言的非字面和间接使用模糊化。但是我们通常还是可以最小化这种模糊，并且有时候可以通过定义完全消除模糊——通过阐明或修改语言表达的意义。最常见的定义有三种：报道性定义、实指定义和语境定义。首先，我们来分析定义的结构。

重构定义

在评估一个定义之前，最好先对其进行重构，从而我们能够知道什么被定义了，什么提供了定义。这就要求区分定义的两个方面：被定义项（需要被定义的）和定义项（提供定义的）。重构定义的时候，被定义项先被列出，放在左边；然后列出定义项，放在右边。我们采用在被定义项和定义项之间加入符号“=df.”（读作“被定义为”）的方法。例如：

例 2-21 幼犬 =df. 年幼的狗

例 2-22 三角形 =df. 有且只有三个内角的平面图形

例 2-23 立方体 =df. 有六个面的三维体，每个面都是直的正方形

每一个定义左边的表达式是被定义项，右边的表达式是定义项。日常的定义可以用各种不同的方式来表达，即类似于下列“律师”和“代理律师”的定义方法：

例 2-24 要成为代理律师就必须先做一名律师。

例 2-24a 说一个人是代理律师就是说这个人是一名律师。

例 2-24b “代理律师”的含义是“律师”。

上述三个定义可以简洁地重构为“代理律师 =df. 律师”。其中，“代理律师”是被定义项，“律师”是定义项。

报道性定义

定义例 2-21 ～例 2-24 旨在给出语言表达式中某个词语的日常意义。字典和翻译手册中有很多这类定义。定义要充分，报道性定义的两边必须是完全相同的意义：

一个报道性定义是充分的当且仅当其两边是同义词或有等同的意义（即，两边的含义相同）。否则，定义就是不充分的。

报道性定义不充分的表现主要有定义过宽、定义过窄，或者既过宽又过窄。例如：

例 2-25　姐妹 =df. 女性

例 2-25 定义过宽，因为其定义项同时选出了不是姐妹的人（比如，一个没有姐姐或妹妹的女性）。结果使得定义的两边意义不同。

例 2-26　姐妹 =df. 成年女性同胞

例 2-26 定义过窄，因为其定义者漏掉了未成年的姐妹。

例 2-27　姐妹 =df. 成年同胞

例 2-27 定义既过宽又过窄，因为其定义项在选出了某些兄弟的同时又漏掉了未成年的姐妹。显然，一个成年男性同胞不是一个姐姐或妹妹，一个两岁的姐姐或妹妹不是成年同胞。因此例 2-27 的两边意义不同。

检验报道性定义

当一个报道性定义不充分时，反例是检验不充分的方法。一个简单的反例就可以检验出。例 2-25 的反例是非同胞的成年女性；例 2-26 的反例是未成年的姐妹；例 2-27 的反例是成年同胞兄弟或未成年姐妹。

一个没有反例的报道性定义是充分的。看到一个定义时，我们可以用一个思考实验来判断定义是否有反例。如果我们用这个方法来分析例 2-21 ～例 2-24，我们很快就可以发现反例是不可能的，例如，一个代理律师却不是律师，或者一个姐妹不是女性同胞。在任何可能世界，一个人如果是代理律师，他就是律师；如果一个人是姐妹，那她就一定是女性同胞。既然这些定义的反例是不可能的，我们就可以得出结论：这些定义是充分的。见专栏 2-4。

专栏 2-4

反例和报道性定义

- 报道性定义的反例是这样一种情况：它满足一边却不满足另一边。
- 如果没有反例，报道性定义就是充分的。
- 反例检验法的深层原则是：除非证明不充分，否则就是充分的。
- 报道性定义只有在至少存在一个反例的情况下才是不充分的。

在《拉凯斯篇》中，古希腊哲学家柏拉图（公元前 428—公元前 347）给“勇气”下了一个通用的定义，我们来检验这个定义的充分性。

例 2-28　勇气 =df. 在战争中勇往直前

例 2-28 是充分的，只要不存在满足一边但却不满足另一边的情况。反例可以是现实生活中的例子，或者思考实验中只存在于思维中的可能场景（见专栏 2-4）。作为例 2-28 的反例，只要使人相信这样的场景：某人很勇敢但是没有在战场上勇往直前，或者某人可能在战场上勇往直前但却不勇敢。这里就有一个这样的思考实验：一个战士在战场上采取后退策略的情况（迷惑敌人，从而可以更猛烈地反击）。因为这样的情况是可能的（并且确实发生过），虚构的战士的行为满足了例 2-28 的被定义项，但却不满足其定义项，因此这就是《拉凯斯篇》定义的一个反例。

进行思考实验时，我们必须遵守一些规则。首先，被描述的场景必须是在逻辑上连贯的，否则就不满足一个合乎逻辑的可能世界。其次，场景必须用同一种语言描述清楚，不能改变词语的含义。最后，我们必须知道如何使用描述场景的词语：从是否偏离常规看法的角度出发，我们没有理由怀疑自己对于词语含义的把握是不合规则的（见专栏 2-5）。

专栏 2-5

可能情境和报道性定义

一个报道性定义是充分的当且仅当不存在任何这样的情境：在该情境中，某些东西满足定义的一边但却不满足定义的另一边。

- 只有在没有反例的情况下一个报道性定义才是充分的。
- 报道性定义的反例是这样一种可能情况：反例词语的含义满足定义的一边，但不满足定义的另一边。
- 作为反例，场景必须是连贯的，并且在描述的过程中不能改变词语的含义。

实指定义和语境定义

对于表达式含义的定义，并非所有的定义都旨在给出一个与被定义项同义的定义项，比如，我们现在要讲的实指定义和语境定义。实指定义的定义项提供了被定义项的一些范例，比如：

例 2-29 要成为一个社会主义国家就要有跟古巴一样的社会经济系统。

例 2-30 大都市是像伦敦、圣保罗或者东京那么大的城市。

语境定义在定义项中提供另一个表达式或语境，而在该语境中，被定义项以及它的严格同义词都没有出现。例如，连词“除非”在逻辑中有时被定义为与“或者……或者”等价：

例 2-31　“P 除非 Q”等价于“或者 P 或者 Q”。

这里的定义项在逻辑意义上等同于被定义项，因为它们都用同一种逻辑关系将“P”和“Q”联结起来，但是这个定义的两边含义不同。

第 3 章
CHAPTER3

信念的优点

信念、负信念和不做回应

信念和负信念是人们在接受自身所想为真或拒绝假事物时的两种心理态度。我们把这两种心理状态称作“认知态度”(源于拉丁语“cognoscere”，意即“知道”)。不做回应(nonbelief)是既不相信也不怀疑的态度。信念是接受一个命题的认知态度，其中命题是指表征事件状态的信息内容。考虑下面这个语句表达的命题：

例 3-1　狗是肉食动物。

任何相信例 3-1 的人都具有接受狗是肉食动物的心理态度，即认为例 3-1 为真。如果某人在正常情况下询问例 3-1 是否为真，他最终会赞同例 3-1 表述的命题。假设他是真诚的并且能够表达自己，他就可以通过叙述例 3-1 来表达自己的信念，或者说出下列句子：

例 3-2　“狗是肉食动物”为真。

例 3-3　事实情况是“狗是肉食动物”。

例 3-1、例 3-2 和例 3-3 可以用来表达相同的内容，即“狗是肉食动物”这个命题。

假设我们用“S”表示说话者（或某人），“P”表示一个命题，“相信 P”表示接受 P 的心理态度，我们就可以对信念定义如下：

专栏 3-1

信念

S 具有信念 P，当 S 接受 P。假设情况正常且 S 是真诚的，如果有人问：

- “P 为真吗？”S 会表示赞同。
- “你对 P 知道些什么？”S 会回答“P”“P 是真的”或“事实情况确实是 P”。

注意专栏 3-1 中“信念”的定义要求以正常情况以及说话者的真诚为前提，否则，一个人 S 所说的就不是他所相信的。因为可能存在欺骗者（他们说出的话歪曲了其真实信念）或自相矛盾的人（他们否认自己确实拥有的信念）。当我们将说话者所说的和他所想的对等起来时，就必须假定说话者是真诚的。在这里，说话者 S 有可能出于压力、错觉或其他阻碍，说出一些他事实上不相信的事物。因此，我们必须假定正常的情况——包括说话者有能力表达自己，即他在心理上未受到伤害、威胁或其他任何阻碍。

但是，如果有些人不相信某个命题呢，比如上述例 3-1？他们可能怀疑或者不回应。怀疑例 3-1 可以用例 3-4～例 3-6 来表达：

例 3-4　狗不是肉食动物。

例 3-5　“狗是肉食动物”为假。

例 3-6　“狗是肉食动物”并不属实。

在正常情况下，一个人真诚地说出对例 3-1 的任何怀疑，就等于持有拒绝例 3-1 的心理态度。如果问例 3-1 是否为真，他会不同意。他可以拒绝例 3-1——例如叙述例 3-4，来表达自己的怀疑。我们可以对负信念的概念做如下总结，见专栏 3-2。

专栏 3-2

负信念

当 S 拒绝 P 时，S 对 P 持有负信念。假设情况正常且 S 是真诚的，如果有人问：

- “P 为真吗？”S 会表示反对。
- “你对 P 知道什么？”S 会拒绝 P 为真，通过叙述句子“P 为假”“并非 P”或者“P 并不属实”。

如果有人既不相信也不怀疑例 3-1 呢？他们对例 3-1 的态度是不做回应。在正常情况下，他们既不接受也不拒绝例 3-1。如果问例 3-1 的内容是否为真，他们可能会耸肩，不给出同意或反对的信号。专栏 3-3 对这些反应做了总结。

> **专栏 3-3**
>
> **不做回应**
>
> S 对 P 不做回应，当 S 既不接受也不拒绝 P。假设情况正常且 S 是真诚的，如果有人问：
>
> - “P 为真吗？”S 既不同意也不反对。
> - “你对 P 知道什么？”S 将延缓判断。

对 P 不做回应就是对 P 既不相信也不怀疑。相应的心理态度就是对 P 延缓判断。我们要牢记，任何时候我们考虑接受或拒绝一个命题时（例如，狗是肉食动物），还有一个不做回应的选择，即保留对某个命题的信念的判断。逻辑思维可以帮助我们对一个命题采取最恰当的态度，无论是接受、拒绝或延缓判断。确定哪个是准确的态度很重要，因为信念是我们推理的构件。一般的规则是，要使整幢大厦牢固，就必须用高质量的建材并且进行定期保养。不过，我们怎么分辨哪些推理构件是高质量的呢？这是我们下一部分要讨论的主题。

本节小结，如图 3-1 所示。

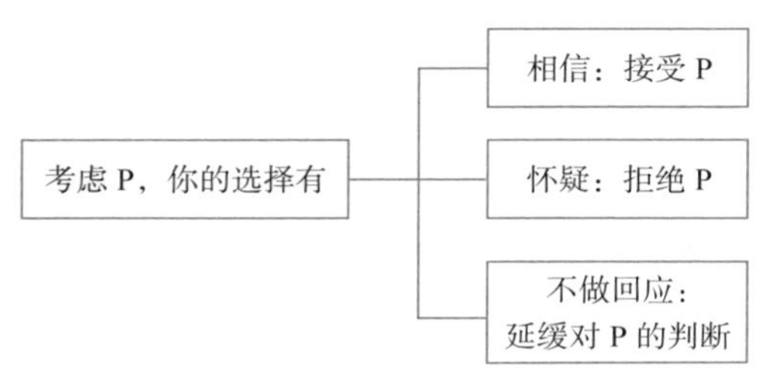

图 3-1　本节小结

信念的优点和缺点

在信念的特征中，有些有助于更好地推理，而有些则会导致不好的推理。我们可以把有利的特征看作优点，不利的特征看作缺点。优点中最重要的是合理性，缺点中最重要的是不合理性。为什么这两个特征如此重要呢？因为合理性是推理可接受的底线。不合理的信念就超出了这个底线，因此推理的目的（正如我们将要看到的）是无法实现的。在本节中，我们将从信念的其他优点和缺点开始，而将合理性和不合理性留到下一节。我们这里要分析的信念特征总结为专栏 3-4。

首先要注意，因为逻辑思考者希望避免信念的不利特征，有人会建议最好完全放弃这类信念。因为如果我们根本没有任何信念，就不会拥有具有缺点的信念！但这样的建议只是自欺欺人，因为不可能完全没有信念。声称逻辑思考者最好没有信念本身就表达了一个信念，假定声称者是真诚的并且有能力的。作为逻辑思考者，我们必须具有一些信念。因此我们的目标就是拥有尽可能多的具有有利特征的信念，以及尽可能少的具有不利特征的信念。也就是说，我们旨在最大化信念的优点，最小化信念的缺点。说一个信念有一个优点是肯定它，而说一个信念有一个缺点是在批评它。现在让我们逐个分析信念的优点和缺点。

专栏 3-4

信念的优点和缺点

优点	缺点
准确性	不准确性
真	假
合理性	不合理性
一致性	不一致性
保守性	相对性
可修正性	教条性

准确性和真

准确性和不准确性

为了具备一个可接受的准确性，一个信念必须表达（或者接近其所表达的）事实。在前一种情况下，信念是真的；

在后一种情况下，信念只是大致为真或接近真。下面这个信念如实表达了事物，因而是真的：

例 3-7 巴西利亚是巴西的首都。

真信念具有最高程度的准确性。另一方面，假信念具有最高程度的不准确性，因为其既不表达也没有接近其所表达的事物的实际情况。例如：

例 3-8 里约是巴西的首都。

任何否定假信念（例 3-8）的信念都是真的。所以，“里约不是巴西的首都”，以及“‘里约是巴西的首都’并不属实”，两者都是真的。因此，它们具有最高的准确性。为了确定信念的准确性，我们可以运用专栏 3-5 中的规则。

专栏 3-5

准确性和不准确性

当一个信念为真时，它具有最高的准确性；当一个信念为假时，它具有最高的不准确性。

真和假

作为逻辑思考者，我们必须相信真的事物，而不相信假的事物。不过，由于真事物和假事物往往难以区分，我们有时候会错误地相信假事物，就像中世纪的人们相信：

例 3-9　太阳绕着地球转。

当然，最终证明他们是错误的：例 3-9 总是假的，因此是不准确的。这是因为例 3-9 不仅没能如实表达事实，而且甚至（最关键的是）从来没有接近其所表达的事物。根据信念接近如实表达事实的程度，一个信念或多或少都有一定的准确性。然而，有些信念可能是准确的，却不是真的。例如：

例 3-10　法国是六边形的。

例 3-11　拉格兰勋爵赢得了阿尔玛河战役。

例 3-10 大致正确，但是还不足以被看作严格为真的信念（对一个制图师来说还不够准确）。类似地，例 3-11 是准确的，但我们能说它是真的吗？它大致为真。事实上，这个战役是由英国军队赢得的，而不只是由军队的指挥官赢得的。但是说"拉格兰勋爵赢得了这场战役"也不完全错误。这两个例子表明准确性和不准确性是一个度的问题：有些信念更接近如实表达事实。因此有些信念比其他信念更准确（或不准确）。但是真和假完全不是"度"的问题：每一个信念非真即假。说一个信念比另一个信念更真（或假）或更不真（或假）是无意义的。一个信念或者为真，或者不真。同时，准确性和真都是一个信念或一组信念可能具有的优点（相应地，不准确性和假是缺点）。

在例 3-12 以及其他一些含糊的信念中，真和假是不明确的，并且是否准确或不准确也是不明确的。

例 3-12　奎因·拉蒂法是年轻人。

同样，在分析例 3-13 所示的表达评价的语句时也要小心。哲学家对于评价性语句是否能够为真或为假是有争议的。有些语句看起来显然为真（“希特勒是恶魔”），而另一些语句的真值则比表示支持或赞同态度的语句更不明确（“弗兰克·辛纳提拉的音乐太棒了”）。下面表达品位的语句也是如此：

例 3-13　福特野马比雪佛兰克尔维特要好看。

在这种情况下，我们采用的惯常做法是指明它们是表达评价的语句（第 4 章对此有更多分析）。如图 3-2 所示。

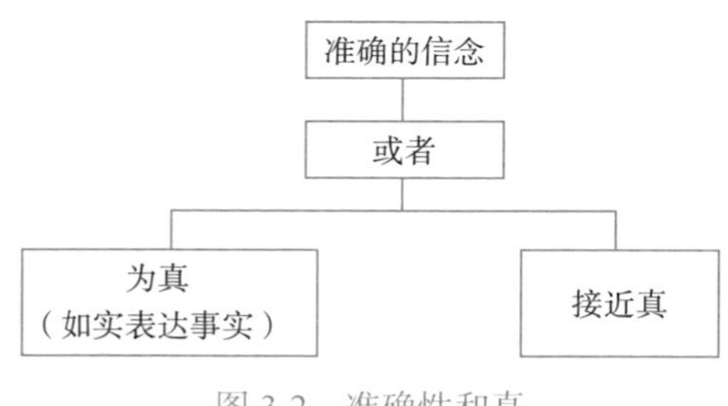

图 3-2　准确性和真

合理性

有些可能不足以为真甚至不足以为准确的信念，却仍然可能是合理的。怎么可能呢？要回答这个问题，让我们来考虑合理性和不合理性这对优缺点。正如准确性和不准确性一样，它们是一个信念或一组信念所具有的特征。它们是一个程度问题：某些信念比其他信念更合理（更不合理）。它们的合理性程度取决于它们拥有的支持有多充分。

- 一个信念是合理的当且仅当它具有充分的支持。否则，该信念就是不合理的。

不同的信念类型具有不同的支持方式。因此一个信念的合理性程度随着信念类型的不同而不同。鉴于此处我们只考虑经验信念和概念信念两种类型，我们暂时不对其他类型的信念进行合理性程度的判断：如上述例 3-13 表达评价的信念。

两种合理性

一个合适的信念要满足的要求随着信念类型的不同而不同。考虑：

例 3-14　菲多在叫。

例 3-15　狗会叫。

例 3-14 和例 3-15 只能通过观察的信息来支持，因此是经验信念（“经验的”意即“观察的”）。此类信念的合理性所需要的支持与非观察信念的不同。在非观察信念中，该信念可以仅用推理来支持。例如：

例 3-16　7+ 5 = 12

例 3-17 兄弟是男性同胞。

例 3-16 和例 3-17 的根据是概念性的：理解所涉及的概念就足以认识到这两个信念为真。对于任何掌握数和加法概念的人来说，例 3-16 为真都是显而易见的。同样，对于任何掌握“兄弟”和“男性同胞”概念的人来说，正如例 3-17 为真都是明确的。所以例 3-16 和例 3-17 都是合理的，因为每一个都单独受到充分推理的支持。

一个概念信念是合理的，当且仅当知道这个信念依据所涉概念的意义为真。

因此，一个合理的概念信念是这样的一种信念：只要我们理解了信念的内容，其真值就不言而喻了。

相反，例 3-14 和例 3-15 就不具备这种类型的支持：他们需要的是观察信息或证据的支持。那么，在什么情况下例 3-14 或者例 3-15 是不合理的呢？假设某人错误地相信她的狗（菲多）现在在叫，即她相信例 3-14，即使她知道菲多已经很多年没有叫了。当受到质疑时，坦白说她就会妄想：她希望菲多能叫的愿望在一定程度上使得她相信狗正在叫。在这个场景中，例 3-14 是不合理的，因为这是一个经验性信念，而经验性信念合理的规则是：

信念必须要么受证据支持，要么是根据证据可推出的。

如我们在第 2 章所见的，证据是通过视觉、听觉、触觉、味觉和嗅觉等感官经验的观察而得的结果。因此如果看到并且听到菲多在叫，结果某人就会相信例 3-14，感官经验就会作为例 3-14 的证据，使其变得合理而可信（在没有相反证据的情况下）。可靠的证言证词也可以作为证据，因为我们可以把它们当作可替代的观察信息。有证据的支持，是相信如例 3-14 中信念的合理性所需的一切。

为了得知例 3-15 中的信念是否合理，依据证据的推理是必要的。毕竟，例 3-15 等同于：

例 3-15a　所有狗都会叫。

这个信念受证据以及基于可用证据的其他信念的支持。证据来自大多数狗会叫的观察，由此可以推出所有狗都会叫。也就是说，除了看到某些狗会叫的第一手证据，我们需要更多支持。毕竟，不可能观察到所有会叫的狗。除了证据，还有什么有助于支持该信念呢？需要一些其他的信念，如：

例 3-18　观察了很多狗。

例 3-19　它们都会叫。

根据例 3-18 和例 3-19，认为狗会叫是合理的。但是如果例 3-15 受例 3-18 和例 3-19 的支持，三者之间是一种推理关系：例 3-15 从例 3-18 和例 3-19 推出。

对于经验信念，证据和依据证据的推理是检验合理性的两个标准途径。对于概念性信念，唯一的根据就是推理。两种合理性信念如图 3-3 所示。缺少充分支持的经验信念和概念信念就会导致实质的不合理性。但要记住，对于其他类型的信念，合理性的评价标准有所不同。

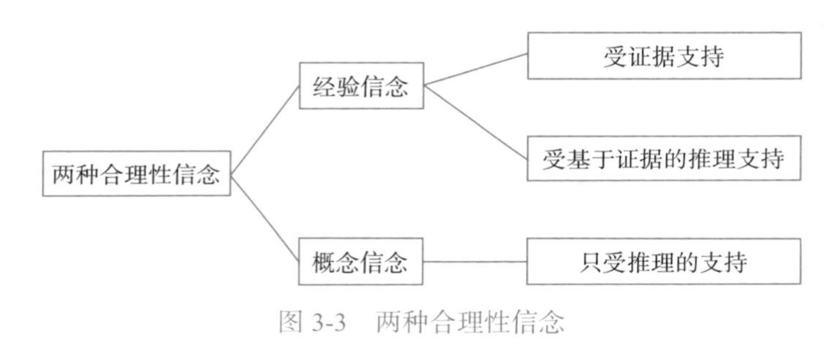

图 3-3 两种合理性信念

一致性

准确性、真和合理性是单个信念可能具有的优点。相反，一致性（或不一致性）只能是一组（两个或两个以上信念）的优点（缺点）。那么，“一致性”是什么意思呢？

定义“一致性”和“不一致性”

一致性定义可以从阐明“不一致性”着手，因为一组信念只有在并非不一致的情况下才是一致的。所以，从“不一致性”出发，我们有如下定义：

一组信念是不一致的，当且仅当它的成员不能集体为真。

考虑例 3-20 和例 3-21。

例 3-20　陶乐茜·马隆尼是一位议员。

例 3-21　陶乐茜·马隆尼是一个慢跑者。

这组信念可能集体为真：陶乐茜·马隆尼可能既是一位议员也是一个慢跑者。但假设我们增加一个信念：

例 3-22　陶乐茜·马隆尼不是一名政府官员。

例 3-20、例 3-21 和例 3-22 组成了一个不一致的信念集合，因为其成员不可能同时为真：很显然，一个不是政府官员的人不可能是一位议员。现在我们可以说：

一组信念是一致的，当且仅当其成员能够集体为真。

说一组信念一致就是说这组信念是逻辑上可相容的。可相容的信念不需要事实上为真：只要信念能够集体为真就足够了。实际上假的信念也可以组成一个完全一致或相容的信念集合，只要它们能够在某个可能的场景中集体为真。

逻辑上可能的命题

考虑下面这组信念：

例 3-23　阿诺德·施瓦辛格是一名医师。

例 3-24　猪会飞。

在某个逻辑上可能的场景或世界中，例 3-23 和例 3-24 可能同时为真。我们的世界，也就是所谓的“现实世界”，是逻辑上可能的众多世界中的一个（一个逻辑上可能的世界中没有任何矛盾）。逻辑上不可能的世界是没有意义的，因此是不可想象的。如果一个命题满足专栏 3-6 中的条件，我们也可以说它是逻辑上可能的。

专栏 3-6

逻辑上可能的命题

一个命题是逻辑上可能的，当且仅当其没有矛盾。

逻辑上不可能的命题

完全无法想象的命题是逻辑上不可能的，必然是假的或者荒谬的，如下列的每个命题所示：

例 3-25 所有猪都是哺乳动物，但是有些猪不是哺乳动物。

例 3-26 阿诺德·施瓦辛格既是又不是一名医师。

例 3-27 阿诺德·施瓦辛格是一个已婚单身汉。

这类命题是自相矛盾的。见专栏 3-7。

专栏 3-7

自相矛盾

一个命题是自相矛盾的，当且仅当它必然为假，或者在逻辑上是不可能的。

一个自相矛盾的命题不仅在现实世界中为假，而且在每一个可能世界中也都为假。

例 3-25，例 3-26 和例 3-27 就是自相矛盾的命题：每一个都是逻辑上不可能或者必然假的，因为这些命题有自相矛盾的概念或逻辑词汇。稍微看一眼例 3-25 和例 3-26 就知道，没有一个可能世界使得其中任何一个为真，因为它们各自有如下逻辑形式：

例 3-25a　所有 A 是 B，但是有些 A 不是 B。

例 3-26a　X 有某一个性质 Y 并且 X 没有某个性质 Y。

例 3-25a 和例 3-26a 中逻辑常项的排列使得任何此类命题都不可能为真。每一个都是逻辑上自相矛盾的。另一方面，例 3-27 中的概念自相矛盾：考虑到所涉及的概念，没有一个可能世界使得例 3-27 为真。从字面上看，一个人不可能是已婚单身汉，就像没有一个三角形有四个内角。任何包含此类内容的命题都是荒谬的、无意义的并且不可想象的，因为我们不可能理解其内容。

不仅单个命题会是逻辑上不可能的，整组的命题也会如此。任何不一致的命题集合都是逻辑上不可能的。不一致发生在以下两种情况中：命题集合中的某些命题是逻辑上不相容的或矛盾的，或者命题集合中至少有一个自相矛盾的命题。

命题“陶乐茜·马隆尼是一位议员并且她不是政府官员”属于第一种不一致情况，即命题集合中存在相互矛盾的命题。根据不一致性和矛盾的定义，任何具有矛盾关系的命题所构成的集合都是不一致的。

任何两个真值不同的命题都是矛盾的：一个为真，另一个为假；或者一个为假，另一个为真。

一致性和可能世界

现在来重新考虑下面这个命题集合：

例 3-23　阿诺德·施瓦辛格是一名医师。

例 3-24　猪会飞。

这两个命题虽然实际上为假，但却是一致的。因为存在可能世界（即没有矛盾的场景）使得它们是相容的。在这种可能世界中，它们同时为真。例如，存在这样一个可能世界，在这个世界中，阿诺德·施瓦辛格从来没有做过影星，而是成为一名医师；同时，猪被安装自动装备后可以克服重力，因而能够飞得起来。

因此，“一致”和“不一致”可以被阐述如下。

一组信念集合是一致的，当且仅当：

- 存在一个逻辑上可能的世界，使得信念集合中的成员同时为真。

一组信念集合是不一致的，当且仅当：

- 不存在逻辑上可能的世界，使得信念集合中的成员同时为真。

逻辑思维的一致性

根据上述定义，任何矛盾的信念集合都不符合一致性。不一致性（或者不满足一致性）是一个很严重的缺点，因为它违反了我们的直觉，即什么是逻辑上可能的，什么是逻辑上可想象的。因此，我们应该彻底避免不一致的信念（见专栏 3-8）。只要发现一组信念集合是不一致的，逻辑思考者必须首先检验其是否可以变成一致的。如果可以，则通过必要的步骤将其转换为一致的。但具体怎么做呢？我们通过消除不一致的来源，从而修正信念集合。再来看下列这组不一致的信念集合：

例 3-20　陶乐茜·马隆尼是一位议员。

例 3-21　陶乐茜·马隆尼是一个慢跑者。

例 3-22　陶乐茜·马隆尼不是一名政府官员。

对于这个例子，要消除不一致，就要删除例 3-20 或者例 3-22。

不过要注意，虽然一致性是一个优点，但它并不导向准确性，或者甚至不导向合理性。在某个可能场景中同时为真的信念（就如我们已知的），事实上可能为假，并且甚至在我们的现实世界中是相当荒谬的。还要注意的是，正如真和假一样，一致性或者不一致性都不是一个程度问题。没有一组信念“在某种程度上一致”：它要么一致，要么不一致。接下来，我们来谈论“保守性”，它是与一致性关系密切的一个优点。

专栏 3-8

一致性和逻辑思维

逻辑思考者的一个显著特征是他们会仔细考虑他们的信念（或他们给出的语句），并且尝试将其转换为一致的。

保守性和可修正性

非教条主义的保守性

保守性或熟悉性是我们的信念所具有的一个优点，只要这些信念与我们的其他信念是一致的。也就是说，如果信念跟我们现有的信念相符合，那么它们具有这个优点。假设在一个马戏团表演中我们观察到：

例 3-28 箱子里的一个人被切成了两半，随后人们却看到他毫发无损。

我们应该接受例 3-28 吗？虽然例 3-28 看起来是基于观察的证据，但是它与我们已有的信念不一致，即：

例 3-29　没有一个人被切成两半后能毫发无损。

保守性建议我们拒绝接受例 3-28，并建议我们认为这只是聪明的魔术师耍的一个花招。一个信念越古怪，它就越不保守。

但是保守性也要用可修正性来调节，这就是我们接下来要讲的内容。否则，保守性会使得我们只接受那些我们已经相信的信念，不管有没有证据支持。这可能是不合适的，甚至是教条主义的。

教条性是某些可修正信念不能被修改时所具有的缺点。那些相信具有明显教条主义缺点的信念的人是教条主义者。教条性与可修正性相冲突。可修正性是信念的准确性、合理性和一致性所需要的一种开放性优点。如果我们的信念具有其中任何一个优点，就必须是在新信息和进一步推理的情况下是可修正的。

非极端相对主义的可修正性

可修正性是信念的优点，只要信念是可改变的。像准确性和合理性一样，可修正性也是一个程度问题。但是，不同的是，可修正性有一个上限：太高的可修正性会导致极端相对主义，是一个“一切都是看法不同的问题”的缺点。可修正性只有在信念是对某一群人来说为真的情况下才有意义，而不是对所有人。有了“对……为真”的限定，相对主义者可以说“地球不转对古代人来说为真”的信念。但是，这个信念对我们来说不是真的。这里并没有矛盾。

因此，在极端相对主义下，有些存在矛盾的信念可能同时为真。但这与我们通常的直觉相抵触。例如：

一个信念为真当且仅当它符合事实。

很显然，地球在古代不转是假的。这个信念不符合当时的事实，正如它不符合现在的事实一样。此外，在相对主义下，"真"事实上就是"对……为真"，省略号处可以填上"文化""社会群体""历史时期"或者任何相对主义者选择的内容。这就使得相对主义者至少接受了某些矛盾，因为相反的信念可能"对……为真"，例如不同的文化。但是，在西方自古以来的一种观点是，矛盾会使得逻辑思考者间的对话无法进行。

专栏 3-9

保守主义和准确性

逻辑思考者不能太过保守，因为有时看起来非保守的信念却是准确的——甚至是真的！

那么，什么程度的可修正性算是一个优点呢？事实上，这随着信念类型的不同而不同。考虑下面的数学信念和逻辑信念：

例 3-30 6 是 36 的平方根。

例 3-31 林肯要么死了，要么还活着。

这两个信念几乎不具有可修正性。下面这个信念也是如此：

例 3-32 律师是代理律师。

这类信念只受到推理的支持，只具有最低限度的可修正性。它们具有最大程度的保守性和最低程度的可修正性。

另一方面，考虑下面的经验性信念和记忆性信念：

例 3-33 约翰·汉考克大楼是芝加哥最高的建筑。

例 3-34 我 1996 年去过约翰·汉考克大楼。

这两个信念的可修正性很高。例 3-33 是一个经验性信念，可以根据证据进行修改（它事实上是假的）；例 3-34 也可以修改，如果它只是一个错误的记忆。这两种信念都可以根据证据进行改变，只要不在教条主义情况下进行就可以。

如果我们允许我们的信念很容易或很频繁地被修改，最终我们会认为矛盾的信念可以同时为真，或者“真”等同于“对……真”。这是极端相对主义的缺点。

理性和非理性

理性是所有信念在推理范围内最有利的特征，而非理性则是超越推理范围的不利特征。虽然一个人的行为可能在某些情况下被认为是理性的，并且在其他情况下被认为是非理性的，我们只在这些行为符合他们的信念的情况下考虑其理性。理性的信念要求满足下列条件，见专栏 3-10。

专栏 3-10

理性的信念

一个思考者的信念是理性的仅当思考者：

（1）当下有意识地考虑；

（2）能够提供证据或理由支持该信念；

（3）不知道该信念不满足任何上述优点。

条件（1）将信念限制到条件（2）和（3）的范围内：一方面不是所有的信念，而是只有思考者当下有意识地考虑的信念。通常，作为思考者，我们有很多信念，但只有某些信念在某个特定时间为意识所关注。因为大多数的信念可以说是在我们思维的深处，而条件（1）下的信念可能既不是理性又不是非理性的。另一方面，当下有意识的信念，必须是要么是理性的要么是非理性的，这取决于它们是否满足条件（2）和（3）。在条件（2）下，信念的理性要求思考者能够说明其原因。在条件（3）下，理性要求思考者不知道他的信念不满足准确性、为真、合理性、一致性、保守性或可修正性。假设一个思考者当下有意识地考虑以下信念：

例 3-35　我的邻居萨莉・陈死而复生。

例 3-36 没有人能死而复生。

例 3-37 例 3-35 和例 3-36 是不一致的。

我们可以继续假设该思考者不知道他的信念不满足一致性，并且没有做任何事情使得其信念一致。那么他的信念是非理性的。同样的，就算他对信念做了修正，但是该思考者不能给出相信这些信念的理由，这些信念还是非理性的。由此可得，在这两种情况下，该思考者自身都会被认为是非理性的。

本节小结，如图 3-4 所示。

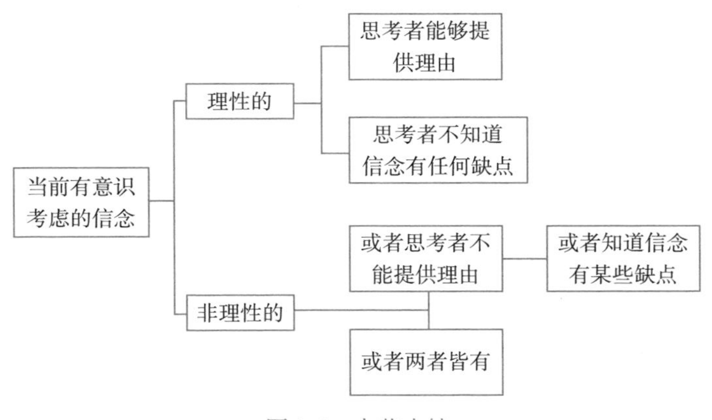

图 3-4 本节小结

推理和论证

第 4 章
CHAPTER4

论证分析的方法

重构论证的原则方法

认可或者拒绝一个断言从来不是论证分析的首要目的。恰恰相反，根据所提供的前提（理由）决定应该接受还是拒绝某个特定的断言，才是目的所在。但是这要求我们首先弄清楚正确论证重构的两个要求。一个是信度，另一个是弹性，即专栏 4-1 所关注的内容。

专栏 4-1

论证重构的两个关注点

（1）如何组织论证使其表达论辩者的意图。

（2）如何组织论证使其尽可能有说服力。

忠实原则

对重构论证来说，忠于论辩者的意向是至关重要的。为了满足这个要求，我们在解释的过程中必须遵守忠实性原则，这就要求我们尽量站在论辩者的角度。也就是说，我们必须尽可能用他所意欲的方式确切表达他的论证。否则，我们处理的就不是讨论中的实际论证，而是我们编造的另外某个论证！

宽容原则

论证分析的另一个关键要求是我们要使得论证尽可能有说服力。因此，我们必须遵守第二个原则：解释过程中的宽容原则。这使得我们在重构论证时最大化论证构件的真值以及构件之间的逻辑关系强度。也就是说，我们必须将疑点利益归于论辩者，使其论证尽可能有说服力。在解释论证的前提和结论时，最大化真值要求我们以一种使得它们为真或者接近真的方式进行。在解读论证前提与结论间的推理关系时，最大化论证强度要求我们以一种使得该推理关系尽可能强的方式进行。一个论证的推理关系最强时，如果其前提为真，则结论必然也为真。但是，正如我们即将看到的，并不是所有的论证都能解读成具有上述这种推理关系。对于充分地重构论证的两个要求，参看专栏 4-2。

专栏 4-2

忠实原则和宽容原则

重构论证时要记住：

- 忠实原则

要求我们尽可能仔细地陈述论辩者确实要表达的内容。

- 宽容原则

要求我们认真对待论证，疑点利益归于论辩者，并且最大化论证各个构件的逻辑关联性和真值。

当忠实原则和宽容原则相冲突时

尽管忠实原则和宽容原则都是论证分析不可或缺的原则，并且二者在大多数情况下是相容的，但两者有时还是会相互冲突。冲突发生在最大化其中一个就必须最小化另一个的时候。让我们来看几个例子，在第一个例子中，忠实原则和宽容原则相互包容。有人争辩道：

例 4-1 家规不允许狗出现在大厅，但是那里有狗。因此家规被违反了。

第二个前提可以重写为“狗在大厅里”，该前提可以用两种方式解读：①指称狗这个类的所有成员；②或指称狗这个类的某些成员。我们应该选择哪一个？忠实原则和宽容原则同时建议我们选择②。否则，前提可能为假，但仍然可以表达一些不符合论辩者意图的内容（并且我们的解释可能既不满足忠实原则又不满足宽容原则）。在没有这些缺点的重构下，例 4-1 变为：

例 4-2　1. 家规不允许狗出现在大厅。
　　　　2. 有几只狗在大厅。
　　　　3. 家规被违反了。

这里的宽容原则和忠实原则不冲突。但是让我们考虑一个论证，在该论证中这两个原则确实看起来是相反的：

例 4-3　下面这两个理由完全证明女巫不存在：①没有证据表明女巫存在；②引用女巫并不能解释任何事物。

在这里，忠实原则促使我们将论证解释为一个结论应该从前提必然地推出的论证。这恰恰就是“完全证明”。但是，在这种解释下，论证却不成立：它的结论显然不能从前提必然地推出，因为前提可能为真（事实上这里的前提确实为真），但是结论为假。

宽容原则促使我们将例 4-3 解读为一个更直白的断言，其结论是基于论证前提的合理结论。在此解释之下，论证可以重述为例 4-3a。

例 4-3a　下列两个原因使得“女巫不存在”很可能成立：①没有证据表明女巫存在；②引用女巫不能解释任何事物。

现在我们最大化了论证的强度，因为尽管例 4-3a 的前提可能为真而结论为假，前提还是给结论提供了很好的理由：如果论证的前提为真，结论很可能为真。因此，例 4-3a 并没有失败，而是为其结论提供了支持。但如果此时最大化宽容原则，就会以最小化忠实原则为代价：例 4-3a 显然不是论辩者看起来想要表达的！忠实原则总是更为重要，因此这里我们应该坚持例 4-3 的第一种解读，即最大化忠实原则的解读。

专栏 4-3

忠实原则

我们不能简单地通过改变论辩者的所想以使得论证尽可能有说服力。这么做会使我们付出代价：我们最终分析的论证与实际要表达的论证完全不同。

比较下面这个论证：

例 4-4　当代生物学家认为微生物存在。由此可以必然得出微生物存在的结论。

如果我们仔细分析例 4-4 的前提和结论，两者看起来显然都是真的。但是，一旦我们在重构例 4-4 的时候优先考虑忠实原则，我们就必须说论证不成立。因为，尽管其结论是合理的，但是不能从前提必然得出。毕竟，关于微生物的结论的可能性，虽然所有生物学家同时弄错的概率是极其微小的，还是存在这样的可能性。此外，如果我们在重构例 4-4

的时候优先考虑宽容原则，那么前提只是为结论提供了一个理由，因此论证的逻辑关系更弱，即，

例 4-4a　当代生物学家认为微生物存在。这支持了微生物存在的结论。

但是我们应该把例 4-4 重构为例 4-4a 吗？不，回忆一下，如果两个原则在重构论证的时候发生冲突，规则如下：总是优先考虑忠实原则。也就是说，忠实原则比宽容原则优先级更高。此规则的原因如专栏 4-3 所述。

最后我们要指出，重构论证时没有考虑到忠实性和宽容性会导致一个严重的推理错误，即第 10 章将要讨论的“稻草人谬误”。

缺少前提

宽容原则和忠实原则有时要求恢复任何省略了的（但是隐含的）前提。回忆第 1 章中的论证：

例 4-5　我思，故我在。

在不改变论辩者意图的前提下使得论证尽可能有说服力，我们必须添加一个前提，“任何会思考的物都是一个存在”之类的语句。有了这个前提，推理关系就更强，因为论证可以被重构为：

例 4-5a 1. 我思。

2. 任何会思考的物都是一个存在。←缺少的前提

3. 我在。

现在的情况就是，如果论证的前提为真，结论也为真。来看另一个缺少前提的论证：

例 4-6 1. 玛丽是我的姐姐 / 妹妹。

2. 玛丽有一个同胞。

例 4-6 是一个很强的推理，因为如果它的前提为真，结论肯定为真。但是前提和结论之间的关联是隐性的。例 4-6 的一个显性表达为：

例 4-7 1. 玛丽是我的姐姐 / 妹妹。

2. 任何具有姐姐 / 妹妹的人都有一个同胞。←缺少的前提

3. 玛丽有一个同胞。

扩展的论证

有时，一个论证的结论可以作为另一个论证的前提。在这种情况下，我们称之为扩展的论证。下面这个扩展的论证用上述论证例 4-5 作为出发点：

例 4-8　1. 我思。

2. 任何会思考的物都是一个存在。

3. 我存在。

4. 如果我存在，那么至少存在一个东西（而不是没有任何东西）。

5. 至少存在一个东西（而不是没有任何东西）。

当你面对一个扩展的论证时，记住：

- 事实上你面对的可能是两个或多个相互联结的论证。
- 第一个论证的结论可能是第二个论证的前提，用来支持某个更进一步的结论，以此类推。
- 任何一个自身不受扩展论证前提支持的结论不能用来支持该论证的某个进一步结论。

在例 4-8 中，我们事实上有两个论证：一个论证有两个前提支持第一个结论——语句 3；另一个论证将语句 3 作为一个前提，与前提 4 一起推出第二个结论——语句 5。因为例 4-8 有一个以上的结论，因此是一个扩展的论证。扩展论证的重构和评估也遵守上述忠实原则和宽容原则。

推理类型

演绎推理和归纳推理

我们已经知道，一个论证由做出某种断言的结论和一个或多个用来支持该结论的前提组成。但是，支持有两种不同的方式，这取决于前提是旨在确保结论的真，还是仅给结论提供某些理由。粗略地看，两者之间的区别是：前者是一个决定性的关系，后者是一个非决定性的关系。不过，现在我们可以做更准确的区分：前提和断言之间的决定性关系是演绎论证的一个标志，而前提和断言之间的非决定性关系是归纳论证的标志。任何论证都是这两种关系中的一种。

对于一个演绎论证来说，其结论可以从前提必然得出。下面是演绎论证的一些例子：

例 4-9 1. 如果今天是星期一，那么我们要上逻辑课。
2. 今天是星期一。
3. 我们要上逻辑课。

例 4-10 1. 所有的狗都会叫。
2. 菲多是一只狗。
3. 菲多会叫。

例 4-11 1. 今天多云并且温暖。
2. 今天多云。

对于这里的每一个论证，如果前提都是真的，那么结论也必定为真（不可能为假）。

所以，它们显然都是演绎论证。再来看下面的例子：

例 4-12 1. 大多数大学生学过平面几何。
2. 这个班的有些学生学过平面几何。

例 4-13 1. 很多猫是家养的。
2. 菲利克斯是一只猫。
3. 菲利克斯是家养的。

对于例 4-12 和例 4-13 的论证，其前提至多都只提供了非决定性的理由：都不能保证其所支持的结论为真。即使前提为真，每一个论证的结论都可能为假。因此，我们把这类论证看作归纳性的。

分析论证时，记住图 4-1 中的区分是很有帮助的。我们必须判断一个给定的论证是演绎的还是归纳的，因为评估的标准也相应地不同。对于一些论证，如果被判定为演绎的，它们是有缺陷的；而如果被判定为归纳的，则是可行的。如果不能明确做出判断，我们应该怎么做？只要问问自己：前提为真能保证结论为真吗？如果能，那么最好就判定该论证是演绎的，并且用演绎论证的标准来分析。否则，看这些前提是否只是给结论提供了某些理由，使得即使所有前提都为

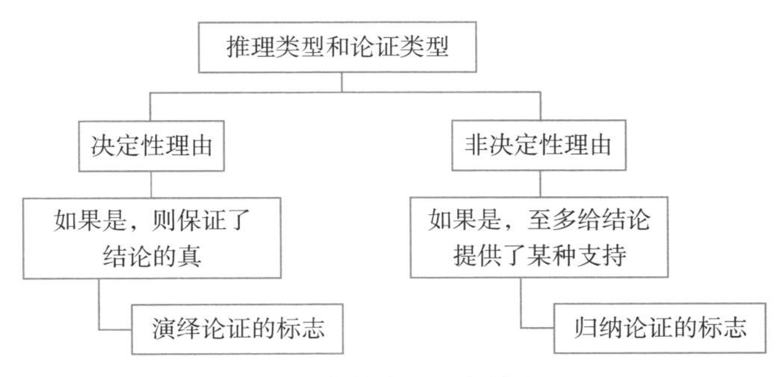

图 4-1 演绎论证和归纳论证

真，结论也仍然可能为假？如果是，最好判定该论证为归纳性的，并且用归纳论证的标准来分析。演绎论证或归纳论证的标准是后面两章的内容。

规范和论证

什么是规范性论证?

我们已经知道，所有的论证都可以归类为两个类型中的一种：要么是演绎论证，要么是归纳论证。从不同的角度来看，演绎论证和归纳论证都可以进一步划分成规范性论证和非规范性论证。到目前为止，我们所讨论的例子几乎都是完全由承认或拒绝关于现实世界的某些事实（或假定事实）的语句组成的，如“多伦多是安大略省最大的城市”“水银比水重”“杰瑞·宋飞是一名喜剧演员”等。此类语句是非规范性的。然而，一些其他表述超出了描述事实，而是评估个人、行为和事物，或者说个体应该做什么（不应该做什么），事物应该怎样（不应该怎样）。例如，“你应该遵守承诺”“雷鬼音乐很酷”“希特勒是恶魔”“埃琳娜的努力工作值得赞扬”等。

后一种表述用作规范性判断，包括我们所说的规范性推理。当我们做出一个规范性判断并提供支持的理由时，得到的就是一个规范性论证。这些论证的结论是具有某种价值的事物，如好坏、对错、公正或不公正、美丑等。此外，有些论证的结论描述某个东西是得到准许的（可以做的）、必须的

（应该做的）或禁止的（不应该做的），这类论证也是规范性论证。考虑：

例 4-14 1. 一个人应该顺从他的父母。
2. 我的父母告诉我不要参加星期五晚上的聚会。
3. 我不应该参加星期五晚上的聚会。

例 4-14 的结论是一个规范性判断，因为它表达了一个禁止的行为（参加星期五晚上的聚会）。这个规范性判断以某种方式规定或引导论辩者的行为，即不参加星期五晚上的聚会。结论是规范性判断，足以使得论证例 4-14 成为规范性论证。此外，例 4-14 的前提 1 是一般规范性判断，有时也称之为“原则”，因为它们陈述的规则不是适用于某个人，而是适用于任何人。我们可以区分两种规范性判断，一种表达一般的规则，另一种用于表达那些像例 4-14 的结论那样用来对个人、个体事物和事件等做出断言的特殊的句子。这个区别可以总结为图 4-2。

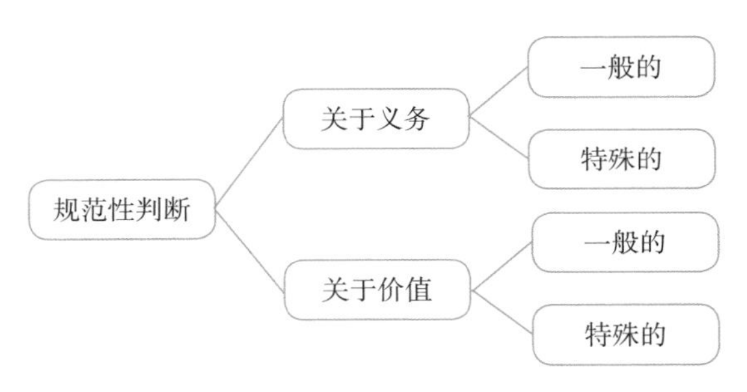

图 4-2 规范性判断

义务判断涉及的概念包括对错和责任（我们有义务要做或克制住不做的事情，我们被允许或被禁止做的事情）。例如：

例 4-15 你不应该欺骗你的朋友。

例 4-16 散播关于安德森的恶意谣言是错误的。

价值判断（或简单地说，评价性判断）是关于行为或事物（它们是好的还是坏的，公正的还是不公正的，等等）的价值。例如：

例 4-17 诚实的人是好同事。

例 4-18 南犹他沙漠很漂亮。

例 4-15 和例 4-17 是一般性判断:适用于一组个人或事物。例 4-16 和例 4-18 是特殊判断：适用于个人或事物。

这里重要的是与品位、法律、谨慎和道德相关的一般的和特殊的规范性判断。我们将它们分别归类为审美的、法律的、审慎的和道德的判断。只要任何这样的规范性判断是一个论证的结论，我们就可以根据具体情况说论证本身是审美论证、法律论证、审慎论证或道德论证。一个规范性论证是审美论证，只要它表达了关于品位问题的评价或标准，如某件艺术作品很漂亮或很丑，一盘菜很好吃或很难吃，或者我们应该欣赏好听的音乐。审美论证可以是特殊的（“碧昂斯的音乐是最优秀的艺术”“佛兰克 · 劳埃德 · 赖特的设计评价过高”“渥太华的国会大厦是一个宏伟的景象”），或者一般的（“白色袜子跟黑色鞋子不配”“你应该看看《法律与秩序》”）。

一个法律论证的结论是一个关于法律事务的规范性判断：根据法律被称为责任或义务的东西，或者根据法规被允许或被禁止做的事情。例如，司机不应该撕毁违规停车罚单，或者不允许在红灯的时候右转（除了在纽约市），并且成年人有义务申报个人所得税。法律规范性判断的形式可以为条件式，就像“如果一个人被要求履行陪审义务，那么这个人就应该出庭”“当一个人当庭宣誓作证时，这个人有义务告知真相”。

一个审慎论证的结论是对利己事物的断言，比如“你应该对富有的格特鲁德阿姨特别好”“对抗你的老板对你没有好处”“人应该首先照顾好自己”“不要欺骗你的业务伙伴，如果你不想他们欺骗你的话”。

一个道德论证的结论是一个道德判断。此类判断是一个关于好坏、公正或不公正、应该或不应该做的断言。它们不是由法律规定的，而是根据具体情况赞扬或谴责的。例如，“说谎是错误的”“你应该帮助地震生存者”“马修的行为很不诚实”“消防员在‘9·11’事件中表现出了极大的勇气”。

关于上述概念的要点是，当这四种类型中的任何一种规范性判断出现在论证的结论中时，论证本身就是规范性的。只有在注意到结论是规范性判断的前提下，我们才能区分它属于哪一种规范性论证：美学的、法律的、审慎的或道德的。

省略了前提的规范性论证

在本章前面的部分，我们看到当一个论证用日常语言表达时，如果在忠实原则和宽容原则下重构论证，有时就会缺少需要恢复的前提。重要前提被省略——这个最常见的方式，有时候会在规范性论证中发生。事实上，在这样的论证中，规范性判断不仅出现于结论中，而且至少还出现在一个前提中，而这个前提有时被省略（见专栏 4-4）。

专栏 4-4

缺少前提的规范性判断

- 规范性论证通常省略一般的规范性理由。
- 这种理由在论证分析的时候必须明确表达。
- 最主要的是，一个仔细的逻辑思考者希望确认一个论证的所有前提都表达出来了，因为只有这样，他才能对论证的决定性或非决定性做出公正的评估。

我们所称呼的“规范性的一般前提”（例如“遵守承诺是对的”“奴隶制是不公平的”“人应该遵守法律”）对于争辩者来说可能太明显，以至于不需要重复，从而可能被省略。下面是一些规范性论证的例子，这些论证的一般前提未被省略。读的时候尝试想象，如果没有那个关键的前提，这些论证听起来会是什么样的。

例 4-19　法律论证：

1. 法律规定，在塔康林荫道汽车时速不能超过 55 公里。←规范性一般前提
2. 昨天我在塔康林荫道的汽车时速超过了 55 公里。
3. 根据法律规定，昨天我做了不应该做的事。

例 4-20　美学论证：

1. 由喇叭声、咩咩叫声和尖叫声随意组成的音乐是毫无价值的噪声。←规范性一般前提
2. Murgatroyd 教授的《第二交响曲》是由喇叭声、咩咩叫声和尖叫声随意组成的。
3. Murgatroyd 教授的《第二交响曲》是毫无价值的噪声。

例 4-21　审慎论证：

1. 你应该做一切最有利于自己的事情。←规范性一般前提
2. 尽可能地赞同你的老板是对你最有利的。
3. 你应该尽可能地赞同你的老板。

例 4-22　道德论证：

1. 说谎是错误的。←规范性一般前提
2. 不申报个人所得税是说谎。
3. 不申报个人所得税是错误的。

规范性论证只有在其规范性前提（与论证前提给出的其

他任何理由一起)都按原义表达的前提下，才能得到恰当的重构。需要注意的一点是，在日常生活中，我们很可能碰到这样的规范性论证：它们经常不能将相关的规范性一般原则都包含在前提中（因为这些前提都是默认的）。例如：

例 4-20a Murgatroyd 教授的《第二交响曲》是由喇叭声、咩咩叫声和尖叫声随意组成的；因此 Murgatroyd 教授的《第二交响曲》是毫无价值的噪音。

例 4-21a 尽可能赞同你的老板是对你最有利的，所以你应该尽可能赞同你的老板。

在例 4-20a 中，“由喇叭声、咩咩叫声和尖叫声随意组成的音乐是毫无价值的噪音”是缺少的前提。所省略的部分用于说明“什么样的音乐是毫无意义的”这个规范性的一般前提。在例 4-21a 中，缺少的前提是“你应该做任何对你自己最有利的事情”。同样，这也是一个规范性的一般前提。它指的是：最大化自身利益是执行某个动作的充分理由。（这个道理很明显，以致我们不需要说出来。不过，它是真的吗？）

第 5 章
CHAPTER5

评估演绎论证

有效性

有时人们使用“有效的”表示“真的”或“合理的”，用“无效的”表示“假的”或“不合理的”。但是，这些与逻辑思维中的“有效的”和“无效的”意味不同。一个演绎论证是有效的，当且仅当其前提必然推出或蕴涵其结论，其中“蕴涵”的定义如专栏 5-1 所示。

> **专栏 5-1**
>
> **推出关系**
>
> 一个论证包含推出关系，当且仅当，前提的真保证了结论的真。也就是说，如果前提全部为真，结论不可能为假。这样论证是有效的和保真的。

正如我们所见的，演绎论证的结论可以从前提必然地推出。因此，如果前提全部为真，那么结论也为真。因为一个有效论证的前提为真确保了这个结论的真，也可以说有效论证具有保真性。任何不具备保真性的论证都是一个前提为真但同时其结论为假的论证。根据定义，这样的论证是无效的：其前提没有蕴涵结论。请注意，在这里我们采用了一些不同的表述来阐明相同的概念。说论证是有效的也就是说前提蕴涵结论。而这两种说法都等同于说该论证具有保真性，即前提可以必然地推出结论。对此，我们可以总结如下：

对于一个有效论证，接受其前提但是拒绝其结论是不符合逻辑的。

一旦接受了有效论证的前提，如果你拒绝其结论（即认为它是假的），这就会是矛盾的或无意义的。矛盾的语句不可能有相同的真值：如果一个是真的，另一个一定是假的。考虑下面这个有效论证：

例 5-1 如果俄亥俄河在北美，那么它不在欧洲。俄亥俄河在北美。因此，它不在欧洲。

你不能既接受“如果俄亥俄河在北美，那么它不在欧洲”和“它在北美”，但同时又拒绝“俄亥俄河不在欧洲”。这会产生矛盾，因而不符合逻辑。

有效性是用来评估演绎论证的一个标准。论证是否有效从来不是程度问题，要么完全有效，要么根本无效。论证不可能在“某种程度上有效”。它要么是有效的，要么不是有效的。此外，确定论证的有效性有一个简单的测试。当你分析一个论证时，问自己："所有前提为真但是结论为假可能吗？”如果是，论证没有通过测试：它是无效的。相反，如果不是，你可以认为它是有效的。我们来考虑一些例子。假设我们尝试预测在巴尔的摩，下一个夏天将会是什么样的。我们也许会说：

例 5-2 下一个夏天的巴尔的摩，有几天会很热。毕竟，根据巴尔的摩过去一百年的记录，几乎所有的夏天都有几天很热。

或者想象我们对欧洲假期的期望。我们也许会说：

例 5-3 伊夫是巴黎人并且讲法语。奥黛特、马蒂尔德、玛丽、莫里斯、吉勒斯、皮埃尔、雅克和吉恩·刘易斯同样如此。因此，所有巴黎人都讲法语。

很明显，即使前提为真，这两个论证的结论也可能为假。虽然这样的可能性似乎不大，但它仍然是可能的。因此，这两个论证是无效的。在声称假结论是“可能的”时，我们考虑的是逻辑可能性。在这里，讨论的重点并不在我们现实世界中，对于例 5-2 和例 5-3，是否可能前提为真但结论为假。相反，如果存在某个可能的场景（即没有内部矛盾的场景），使得这些论证的前提为真同时结论为假，那么这些论证就是无效的。

同时，我们还要注意另一件事情：论证是否有效完全是一个结论是否可以从前提必然推出的问题。前提和结论各自的“实际”真或假，与论证的有效性基本无关。重要的是，是否前提为真但同时结论为假，因为这可以确定论证的无效性。因此，有效论证能有一个或更多假前提，但有一个真结论。例如：

例 5-4 1. 所有狗都是鱼。
2. 所有鱼都是哺乳动物。
3. 所有狗都是哺乳动物。

在某些情况下，一个有效论证可能完全由假语句构成，如：

例 5-5 1. 所有民主党人都是素食主义者。
2. 所有素食主义者都是共和党人。
3. 所有民主党人都是共和党人。

因此，最好把有效性看作论证的前提和结论之间的一种关系，其中构成论证的语句的“实际真或假”基本上是不相干的。最关键的是：由前提真是否必然得出结论真？如果是，论证就是有效的。否则，论证是无效的。

专栏 5-2

有效论证与无效论证

（1）论证可以分成两类：有效的和无效的。

（2）只有有效论证是保真的：如果它们的前提为真，

则它们的结论不可能为假。

（3）只有有效论证的前提才蕴涵结论。

（4）一个接受有效论证前提的逻辑思考者不可能在没有矛盾的情况下拒绝其结论。但这种情况不会在无效论证中发生。

有效论证和论证形式

论证的形式是每个论证例示的逻辑模式。同一种论证形式通常是许多实际论证的底层模式。要表示论证的形式，最常用的方法是用占位标注或符号（如大写字母）替代某些词，而只保留具有逻辑功能的词。例如，对于例 5-4，我们可以用“A”替换“狗”，“B”替换“鱼”，“C”替换“哺乳动物”。所得到的论证形式是：

例 5-4a　1. 所有 A 都是 B

2. 所有 B 都是 C

---

3. 所有 A 都是 C

例 5-4a 是一个有效的论证形式，因为任何具有这种逻辑形式的论证都是有效的：如果前提为真，那么结论必定为真。上述例 5-5 以及下面这个例子也可以例示此形式：

例 5-6　1. 所有笔记本电脑都是计算机。

2. 所有计算机都是电子设备。

---

3. 所有笔记本电脑都是电子设备。

因为上述例 5-4 同样例示了论证形式例 5-4a，且该形式是有效的，因此例 5-4 是有效的，这与其前提是假的并不相关。对于一个有效的论证，可以具有下列情况：所有前提均为假，如例 5-4；一个假结论和至少一个假前提，如例 5-7；甚至所有前提和结论都为假，如例 5-5。

例 5-7　1. 所有专业足球运动员是运动员。
2. 所有运动员是大学生。
3. 所有专业足球运动员是大学生。

因为这些论证都例示了一个有效的论证形式，所以它们都是有效的。它们的形式使得用真前提例示它们的任何论证都必定有一个真结论。

有效性和论证形式

在例示一种有效形式的任何论证中，前提和结论之间有一种蕴涵关系。如果论证的前提为真，那么它的结论不可能为假。有效性就是这种关系。在一个论证中，可能有一个或更多的假前提，但这一事实对于它的有效性并不重要。有效性完全只与论证的形式有关。

无效性也是论证形式的问题：一个论证形式是无效的，当且仅当该论证的形式可能有真前提和假结论。但是这里的“可能”是“逻辑上可能”，也就是说无效论证也可能有真前提和真结论。例如：

> **专栏 5-3**
>
> **无效性和反例**
>
> - 证明某个论证无效的反例是另一个例示相同形式但是有真前提和假结论的论证。
> - 要找到一个反例，可能需要想象一个没有内部矛盾的“可能”场景。现实世界只是众多被称为“可能世界”的可能场景中的一个。

例 5-8　1. 所有的宝马都是机动车。

2. 有些摩托车是机动车。

---

3. 有些摩托车是宝马。

例 5-8 的结论是真的（的确，三个语句都是真的），但该论证是无效的，因为它例示了一个无效的论证形式，即：

例 5-8a　1. 所有 A 都是 B

2. 某 C 是 B

---

3. 某 C 是 A

任何例示此类论证形式的论证都没有蕴涵关系，因为结论不能必然地从前提得出。要证明一个论证是无效的，逻辑思考者用反例的方法：他们尝试想出一个论证形式完全相同但却具有真前提和假结论的论证。例如，下面这个论证是证明例 5-8a 无效性的一个反例：

例 5-9 1. 所有煎锅都是炊具。
2. 有些饼干模具是炊具。
3. 有些饼干模具是煎锅。

例 5-9 跟例 5-8 的形式完全相同，但是有真前提和假结论。反例方法不仅可以用来证明某类论证形式的无效性，也可以用来证明具有这些形式的实际论证的无效性。因此例 5-9 是例 5-8 的一个反例。也就是说，例 5-9 是证明例 5-8 的无效性的一个例子，因为它表明了一个形式完全相同但是具有真前提和假结论的论证是可能存在的。换句话说，例 5-8 的真前提并不会必然推出真结论。

作为术语的“有效性”

上面我们使用了“有效”和“无效”，但是不存在“有效的语句”和“无效的语句”。尽管我们在日常语言中会听到这样的表述，但是“有效”和“无效”是逻辑术语，不能用在单个语句上，而只能用在语句间的关系上（即称为论证的关系）。“有效”只能用在一个前提必然推出结论的论证上，“无效”只能用在那些前提不能必然推出结论的论证上。只有语句间的某些关系才有可能是有效的或无效的。因此，这些术语只能用在论证上，而不能用在单个语句上。

现在，要注意另一点：因为有效性的要求非常高，所以一些被这个标准判作无效的论证可能在一个要求不怎么高的条件下有其他价值。结论不能从前提必然得出的一些论证也是可以通过概率进行推导的。换句话说，对于有些论证，前提真未必能保证结论真，但结论真仍然是可能的。在许多情况下（例如，当它们支持关于自然或者人类社会的一般机制时），这类论证对我们可能非常有用。让我们回想一下“归纳”论证：虽然它们的前提可以给结论提供一些理由，但却绝不蕴涵结论。根据这个定义，所有归纳论证都不能达到有效性的标准。但是有一类论证，即使它的前提并不蕴涵结论，却因前提能为结论提供很强的支持理由，从而使人们相信它。我们将在第 6 章具体讨论这类论证。

同时，说一个论证是“真的”或者“假的”也是无意义的。“语句”和“信念”可能为真或为假，但是论证没有真值！与“有效性”和“无效性”类似，“真”和“假”也是术语，不能与日常的用法混淆。记住，在逻辑思维中，

语句：

- 要么是真的，要么是假的；
- 但既不是有效的，也不是无效的。

论证：

- 既不是真的，也不是假的；
- 但要么是有效的，要么是无效的。

命题逻辑中的论证形式

如我们所见到的，说论证有效的另一个方法是论证保真性。也就是说，如果论证的前提为真，则结论必须为真，即前提的真保证结论的真。保真性是有效论证所例示的形式具有的一个特征。有些论证具有保真的特质，因为组成其前提和结论的语句的组合方式形成了一种特殊的关系，从而将前提的真（如果前提为真）传递给论证的结论。还有些论证也具有保真性，因为在组成其前提和结论的语句中有一些通常被称为“项”的表达式，它们之间有某种特定的关系，从而使得论证的结论在前提为真的条件下也为真。前一种论证是“命题的”，后一种是“直言的”。

稍后我们将对两种论证分别进行分析。但在这之前，我们必须明确我们所说的“命题”到底是什么。我们已经知道，命题是一个信念或语句的“内容”，具有真值：要么为真，要么为假。现在我们来看一些命题论证。对于这些论证，保真性取决于组成论证的前提和结论的语句间的组合关系：

例 5-10　1. 如果我的手机在响，那么有人正在给我打电话。

2. 我的手机在响。

---

3. 有人正在给我打电话。

根据例 5-10 的各个命题之间的关系，它是一个有效的论证。前提 1 由两个简单命题通过“如果……那么……”连接起来，前提 2 断言了两个简单命题中的第一个。用大写字母作为代替每个简单命题的符号，保留逻辑联结词“如果……那么……”，例 5-10 的论证形式就很清楚了：

例 5-10a　1. 如果 M，那么 C

2. M

3. C

例 5-10a 的 M 代表“我的手机在响”，C 代表“有人正在给我打电话”。例 5-10a 不是一个论证，而是表示论证前提和结论间关系的一个论证形式。通常称之为“肯定前件式”。任何具有这种形式的论证都例示了一个肯定前件式。例如：

例 5-11　1. 如果必须有脑才能思考，那么无脑生物就不能思考。

2. 有脑才能思考。

3. 无脑生物不能思考。

下面来看另一种命题论证形式——“否定后件式”。

例 5-12　1. 如果经济有增长，那么经济正在复苏。

2. 但是经济没有复苏。

3. 所以经济没有增长。

用符号记作：

例 5-12a　1. 如果 G，那么 E

2. 并非 E

3. 并非 G

专栏 5-4 列出了一些有效的命题论证形式。现在我们对其中的部分形式进行实例分析，其他的形式将在第 12 章继续分析。

例 5-13 1. 如果内陆温度升高，那么农作物会受到损害。
2. 如果农作物受到损害，那么我们都会遭受损失。
3. 如果内陆温度升高，那么我们都会遭受损失。

专栏 5-4

一些有效的命题论证形式

肯定前件

如果 *P*，那么 *Q*
P
———
Q

否定后件

如果 *P*，那么 *Q*
并非 *Q*
———
并非 *P*

假言三段论

如果 *P*，那么 *Q*
如果 *Q*，那么 *R*
———
如果 *P*，那么 *R*

析取三段论 (1)

或者 *P*，或者 *Q*
并非 *P*
———
Q

换质位

如果 *P*，那么 *Q*
———
如果并非 *Q*，那么并非 *P*

析取三段论 (2)

或者 *P*，或者 *Q*
并非 *Q*
———
P

例 5-13 是假言三段论的一个例子，因为它有如下所示的形式：

例 5-13a　1. 如果 I，那么 C。
　　　　　2. 如果 C，那么 A。
　　　　　3. 如果 I，那么 A。

同样，你可以自己证明下面的例 5-14 和 例 5-15 是专栏 5-4“析取三段论”的两个例子，例 5-16 是“换质位”的例子：

例 5-14　1. 美国的丹尼斯·蒂托或南非的马克·沙特尔沃思是第一个太空游客。
　　　　2. 南非的马克·沙特尔沃思不是首位太空游客。
　　　　3. 美国的丹尼斯·蒂托是首位太空游客。

例 5-15　1. 美国的丹尼斯·蒂托或者南非的马克·沙特尔沃思是第一个太空游客。
　　　　2. 美国的丹尼斯·蒂托是不是首位太空游客。
　　　　3. 南非的马克·沙特尔沃思是首位太空游客。

例 5-16　1. 如果波斯是一个强大的王国，那么莉迪亚是一个强大的王国。
　　　　2. 如果莉迪亚不是一个强大的王国，那么波斯不是一个强大的王国。

所有这些论证都是专栏 5-4 中的某个论证形式的替换实

例，并且都是有效的。也就是说，任何具有其中某个形式的论证都有一个推出关系，无论符号代表的实际语句是什么。换句话说，例示专栏 5-4 中的形式的论证都不可能同时具有真前提和假结论。这类形式的论证有很多，但是我们要在第 12 章对它们进行更深入地分析。

建议：本小节有很多有效的论证形式，可以制作一张卡片，以便参看和熟悉。卡片的一面是命题论证的形式，另一面是直言论证的形式。

直言论证的形式

很多论证显然是有效的，即使它们不符合命题逻辑的任何形式。例如：

例 5-17 1. 所有牙医都有整洁的牙齿。
2. 常医生是一位牙医。
———————
3. 常医生有整洁的牙齿。

例 5-17 显然是有效的，因为如果前提为真，那么结论必定也为真。现在我们用命题逻辑中的论证形式把每个部分替换成字母符号，就可以得到下面的形式：

例 5-17a 1. D
2. C
———
3. E

但是例 5-17a 是一个无效的形式，因为有反例：即同种形式的、具有真前提和假结论的论证。如：

例 5-18　1. 鲸鱼是哺乳动物。
2. 加利福尼亚是美国人口最多的州。
3. 地球是平的。

因此，用一个无效的论证形式（如例 5-17a）来表达一个有效的论证（如例 5-17），是错误的。我们需要一个不同的形式系统，其中的字母符号不代表命题。也就是说，例 5-17a 的形式化太过笼统，不能作为例 5-17 的正确的论证形式。因为例 5-17 中的推出关系取决于组成论证的“命题”的各个表达式之间的关系，而不是取决于组成前提和结论的各个命题本身之间的关系。例 5-17 中的推出关系取决于诸如“所有”“常医生”“牙医”以及“整洁的牙齿”之类的项之间的关系。

形如例 5-17 的论证需要一个更细化的形式化表达。我们采用下列规则：

（1）将“to be”（“是”）的现在时作为每个前提和结论的主句动词。

（2）明确表达任何逻辑表达式，诸如“所有”“有些”“没有”。

（3）用大写字母替换如“牙医”“整洁的牙齿”之类的表达式。

（4）用小写字母替换表示特殊事物或个人的表达式，如

“常医生”“菲多”“我”“那张椅子”。

用这样的规则，我们就可以知道例 5-17 的逻辑形式与例 5-19 类似：

例 5-19 1. 所有生产苏打饮料的企业生意都很好。
2. 百事是一个生产苏打饮料的企业。
3. 百事的生意很好。

例 5-19 的论证形式是：

例 5-19a 1. 所有 A 都是 B
2. C 是 A
3. C 是 B

例 5-19a 中的“A”代表“生产苏打饮料的企业”，“B”代表“生意很好”，“C”代表“百事”。我们也可以用这样的规则对下面这个论证进行形式化：

例 5-20 1. 所有眼科医师都是医生。
2. 有些眼科医师很矮。
3. 有些医生很矮。

例 5-20 无疑是一个有效的论证：它是直言论证的一个有效形式的替换实例。

再看一个相同形式的例子：

例 5-21 1. 所有红松鼠都是啮齿动物。
2. 有些红松鼠是野生动物。

3. 有些啮齿动物是野生动物。

例 5-20 和例 5-21 的都有如下形式：

例 5-20a　1. 所有 A 都是 B。

2. 有些 A 是 C。

3. 有些 B 是 C。

这里的“A”代表“红松鼠”（或“眼科医师”），“B”代表“啮齿动物”（或“医生”），“C”代表“野生动物”（或“很矮”）。

现在让我们回忆本节开始提到的一点：判断有效性的另一个方法就是确定一个论证是否具有一个有效的形式。

考虑下面这个论证：

例 5-22　1. 没有伯罗奔尼撒人是埃维厄人。

2. 所有斯巴达人都是伯罗奔尼撒人。

3. 没有斯巴达人是埃维厄人。

即使一点都不懂希腊地理的人也能看出这个论证是有效的，因为它是专栏 5-5 中第三个有效形式的一个实例。没有一个具有这种形式的论证同时具有真前提和假结论。类似地，论证例 5-23 是有效的，即使前提为假。为什么？就因为它是专栏 5-5 中的第三个有效形式的实例。

专栏 5-5

一些有效的直言论证形式

1	2
所有 A 都是 B	有些 A 是 B
没有 B 是 C	所有 A 都是 C
没有 C 是 A	有些 C 是 B
3	**4**
没有 A 是 B	所有 A 都是 B
所有 C 都是 A	所有 C 都是 A
没有 C 是 B	所有 C 都是 B
5	**6**
所有 A 都是 B	所有 A 都是 B
所有 B 都是 C	有些 A 不是 C
所有 A 都是 C	有些 B 不是 C

例 5-23 1. 所有苹果都是橙子。
2. 所有香蕉都是苹果。
3. 所有香蕉都是橙子。

那么，有效性就完全是论证形式的问题。上述这些例子的有效性也都是形式的问题。因此，我们可以得出另一个要点：对于每一个有效的形式，所有具有该形式的论证都是有效的。同样，对于每一个无效的形式，任何具有该形式的论证都是无效的。

命题的还是直言的

当你看到命题之间的某些连词，如“或者……或者……”以及“如果……那么……”，最好按命题逻辑的形式重构论证。

如果你看到前提中有某些表示数量的词，如“所有”“没有”“有些”，最好按直言论证的形式重构论证。

有效性的实际作用

逻辑思考是有目的的，如学习、理解或者解决问题。每一种目的都要求论证分析，有时还需要驳斥论证，即证明一个论证无效的过程。但是，驳斥完全不是逻辑思考的主要目的之一，而只是在某些情况下论证分析过程中不可避免出现的结果。实现逻辑思考的主要目的在很大程度上取决于对论证的宽容地、忠实地重构。对于演绎论证，宽容原则要求使得论证尽可能有说服力，最大化前提和结论的真以及论证形式的有效性；而忠实原则要求尽量捕捉论辩者的意图。在所有这些过程中，逻辑思考者努力获取论证的正确形式，补充隐含的前提（如果需要的话）。论证一旦被重构，我们就可以对其进行评估。请记住下面的规则：

- 不要仅仅根据一个论证的结论批判或接受一个论证。
- 对论证的形式或者某个明确可辨认的前提进行反驳。

- 采用这里提供的评估标准。
- 不要做没有实质内容的批判，如“这是个人观点的问题”。

对有效性的任何质疑就是对论证形式的质疑。如果某种形式的论证的前提为真而结论为假，那么这个论证是无效的，因为它有一个无效的形式。但是找到一个无效的论证并不是驳斥它的决定性理由，因为它仍然可以是一个很好的归纳论证（第 6 章将有更多相关讨论）。一旦一个论证被确定为有效的，逻辑思考者就应该检查它的前提是否为真，本章稍后对此进行分析。

论证评估标准（如有效性）的实用性在于：依据某一论证的前提，我们对其结论持有何种态度取决于这个论证是否符合那些标准。有效性具有这样的实际作用：当一个论证满足有效性标准时，它的形式是有效的。同时，如果我们知道这一点，我们就知道如果所有前提都为真，则结论不可能为假。因此，断言一个论证的前提而同时却否认其结论是矛盾的。例如：

例 5-24 1. 如果菲利克斯是一只猫，那么它是一只猫科动物。
2. 菲利克斯是一只猫。
3. 菲利克斯是一只猫科动物。

因为论证例 5-24 是有效的，我们无法在不矛盾的情况下接受其前提却否认其结论。因为如果一个论证是有效的，那么如果你断言（或接受）该论证的前提，你就必须在逻辑上断言其结论。断言例 5-24 的前提但否认其结论就等于说了这样的话：

例 5-25 如果菲利克斯是一只猫，那么它是一只猫科动物。菲利克斯是一只猫。但是，它不是一只猫科动物。

很显然，这三个语句不可能同时为真。例 5-25 应该被驳斥，因为三个语句是一个逻辑上不可能的集合：没有一个可能世界使得所有语句都为真。

无效性的实际作用是什么呢？答案如下：

如果你知道一个论证是无效的，你就知道它的前提可能全部为真，而同时结论却为假。

但是要注意：

如果你对一个论证唯一知道的就是它是无效的，那么你并不知道它的前提事实上为真，并且结论事实上为假。

你只是知道这样的场景是可能的：论证形式使得这种场景成为可能（在有效论证形式中不可能发生的情况）。综上所述，在无效性的所有情况下，论证都不具备保真性。因此，前提和结论的真值的任何组合在逻辑上都是可能的。

可靠性

那么，我们必须总是接受有效论证的结论吗？不是的，因为有效论证的结论仍然会存在某些错误（上述有些例子清楚地表明了这一点）。评估一个论证，有效性是我们首先使用的标准，但是并不是唯一的标准。在确定一个论证有效之后，我们还必须确定它是否可靠，记住：

一个论证是可靠的，当且仅当它是有效的，且它的所有前提都为真。

因此，再来看前面给出的一些论证：

例 5-22　1. 没有伯罗奔尼撒人是埃维厄人。
2. 所有斯巴达人都是伯罗奔尼撒人。
3. 没有斯巴达人是埃维厄人。

例 5-4　1. 所有狗都是鱼。
2. 所有鱼都是哺乳动物。
3. 所有狗都是哺乳动物。

例 5-5　1. 所有民主党人都是素食主义者。
2. 所有素食主义者都是共和党人。
3. 所有民主党人都是共和党人。

专栏 5-6

可靠的论证

（1）一个论证是可靠的当且仅当它是有效的，且它的所有前提都为真。

（2）一个论证是不可靠的，如果该论证不具备有效性或真前提，或两者都不具备。

（3）不可靠性是驳斥一个论证的理由，即使这个论证是有效的。

（4）一个可靠论证的结论是真的。

（5）根据（4），如果一个可靠论证的结论没有表述错误的事物，结论就不能被驳斥。

论证例 5-22 是可靠的。但是论证例 5-4 和例 5-5 是不可靠的。这是因为，如果一个论证缺少有效性或者真前提（或者缺少两者），那么它就是不可靠的。论证例 5-4 和例 5-5 的问题在于它们的前提是假的，因此使得它们不可靠，即使如我们所见，这两个论证都是有效的。有几个要点必须记住。首先，即使一个论证只有一个前提为假，这个论证也是不可靠的，无论其是否有效。其次，一个前提只有在毫无疑问为真的情况下才是真的。最后，因为有效性是可靠性的必要条件，一个论证也可能因为其形式的无效而是不可靠的。例如：

例 5-26　1. 任何一个作为国家首都的城市都是一个政治权力中心。

2. 芝加哥是一个政治权力中心。

3. 芝加哥是一个国家的首都。

这里的两个前提都是真的，但是论证还是不可靠的，因为它是无效论证。

有效性和真前提是可靠性的必要条件（见图 5-1）。一个论证的前提事实上是否为真又完全是另一个问题（无法仅用逻辑来回答）。大多数此类问题都是通过科学，或者历史学家、地理学家以及其他事实发现者的观察来回答的。为了确定前提是否为真，一个经验丰富的逻辑思考者希望直接了解事实！但这就使得他必须去图书馆或实验室，并且仔细考虑论证前提的证据——这些论证都被声称是可靠的。

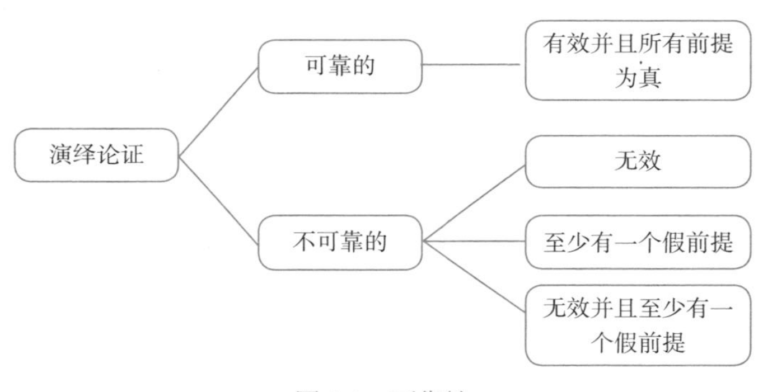

图 5-1 可靠性

可靠性的实际作用

那么，为什么可靠性如此重要呢？为什么可靠性是论证必须具备的一个特征呢？因为，如果知道一个论证是可靠的，那么我们不仅完全有理由接受其结论，而且必须接受其结论！如上述定义所示，所有有效论证都是保真的：如果前提为真，则结论必定为真。如果一个论证是有效的并且前提事实上也为真，那么它就是可靠的。也就是说，前提的真值传递给了结论。因此，任何此类论证（没有论述任何错误的事物的论证）的结论都不能被驳斥。

可靠性有一个实际的影响或价值，因为只要一个演绎论证符合这个标准，那么它的结论就确保为真。事实上，可靠性的实际作用有两个方面。

如果一个论证是可靠的，那么：

- 在论证有效的条件下，你无法在没有矛盾的情况下断言其前提却拒绝其结论。
- 在论证有效并且其前提全部为真的条件下，你无法在不说错话的情况下拒绝其结论。

那么不可靠性呢？它对于逻辑思考者的实际作用是什么？一个不可靠的论证不能保证其结论的真。如果一个论证有效但不可靠，就意味着它至少有一个假前提。认识到这一点就是拒绝该论证的充分理由。如果一个论证不可靠但是所有前提都为真，就意味着其论证形式是无效的：正如我们将在第 6 章所看到的，有些这样的论证最好被看作归纳论证，并且用可靠性之外的标准来评估。

说服力

有效性和可靠性不是评估演绎论证的全部标准。还有一个演绎说服力的标准：如果一个论证具备专栏 5-7 中的三个条件，就认为该论证满足说服力标准。

专栏 5-7

说服力的三个条件

（1）可识别的有效性。

（2）可接受的前提。

（3）比结论更加明确可接受的前提。

根据条件（1），一个有说服力的论证的有效性必须对评估论证的逻辑思考者是显而易见的。根据条件（2）和条件（3），一个有说服力的论证的前提应该为逻辑思考者接受论证的结论提供很好的理由。注意，这并不要求有说服力的论证是可靠的。换句话说，一个不可靠的论证也可能有说服力，只要思考者识别出论证的有效性，并且前提为结论提供了很好的理由，即使至少有一个前提是假的，而思考者对此并不知情。假设一个思考者在图书馆看到过英格里德并且进行如下推理：

例 5-27　1. 英格里德在图书馆。

2. 如果英格里德在图书馆，那么她不在自助餐厅。

3. 英格里德不在自助餐厅。

因为他正好看到英格里德在图书馆，他似乎有证据支持前提（1）为真。前提（2）也是真的，因为没有人能够同时出现在两个不同的地方。根据前提（1）和前提（2），可以有效得出肯定前件式的结论 3。因此这个论证是演绎有说服力的：论证具有可识别的有效性，并且有支持结论的可接受的前提。但是，假设思考者并不知道他在图书馆看到的事实上并不是英格里德本人，而是她的孪生妹妹格里塔。在这种情况下，该论证就是不可靠的——但仍然很有说服力！

有时候可靠的论证也可能没有说服力。可识别的有效性和真前提可能并不足以使一个论证有说服力。例如：

例 5-28　1. 地球不是平的并且地球不是宇宙的中心。

2. 地球不是宇宙的中心。

例 5-28 很显然是有效的，因为如果其前提为真，结论不可能为假。此外，因为其前提事实上确实为真，所以论证也是可靠的。但是对例 5-28 的结论持合理质疑的人可能不会被说服而接受它。例 5-28 没有满足上述的条件（3），即有一个比结论更明确可接受的前提。假设这个论证是在中世纪被提出的，所有的证据都指向结论的假。尽管因为不知道这个前提是真的——并且这个论证是可靠的，那时的人们可能就会拒绝前提 1。因此，即使是可靠的论证也可能不能说服人——当论证的前提并不比它们所支持的结论更可接受的时候。

专栏 5-8

本节小结

满足专栏 5-7 中三个条件的演绎论证的前提，为逻辑思考者接受论证的结论提供了很好的理由。

说服力的实际作用

任何识别出某个论证的有效性及其前提为结论提供良好理由的人，在理性上都不可能拒绝该论证。这样的论证可以被称为“理性上强制的”（或者简单地称为“强制的”）。如果思考者要拒绝这样的论证，那么他就是不理性的：这在逻辑上讲不通。因为论证例 5-28 不能说服思考者基于论证的前提接受其结论，这个论证就是无说服力的（即不是理性上强制的）。逻辑思考者必须防范这类论证并且尽量避免它们。在第 8 章我们将讨论辩论过程中影响有效论证甚至可靠论证的说服力的一种错误。

第 6 章
CHAPTER6

归纳论证分析

重构归纳论证

在第 5 章我们已经讨论了演绎论证，本章我们将讨论在日常推理和科学推理中至关重要的归纳论证。我们已经知道，一个论证要么是演绎的，要么是归纳的，这取决于前提为真是否保证结论为真。如果是，论证就是演绎的；如果不是，论证就是归纳的。有一系列的检验方法可以帮助我们鉴别归纳论证。首先，对于任何论证，都问问自己：

是否可以在没有逻辑矛盾的情况下接受前提而拒绝结论？

- 如果是，该论证就是归纳的。
- 如果不是，该论证就是演绎的。

我们来看一些例子。首先，请看一个简单的演绎论证：

例 6-1 帕姆精力充沛并且体格健壮。因此，帕姆体格健壮。

根据第一种检验法，我们应该尝试断言前提并否认结论，看看会是什么结果：

例 6-2 帕姆精力充沛并且体格健壮。但是，帕姆并非体格健壮。

例 6-2 是矛盾的：不存在一个逻辑上可能的场景，使得组成例 6-2 的语句同时全部为真或为假。根据这个结果可知，论证例 6-1 是演绎的。相反，请看下面这个例子：

例 6-3 1. 帕姆体格健壮。
2. 大多数体格健壮的人不吃垃圾食品。
3. 帕姆不吃垃圾食品。

论证例 6-3 的前提可能全部为真，并且可以在无矛盾的情况下拒绝其结论。毕竟，存在能够使得前提为真而结论为假的可能场景。例如，在一个场景中，帕姆体格健壮，并且大多数体格健壮的人不吃垃圾食品，但帕姆的确吃垃圾食品。因此，例 6-3 是归纳的。同样地，例 6-4 和例 6-5 也是归纳的，因为可以在没有逻辑矛盾的情况下断言它们的前提，并且同时拒绝它们的结论：

例 6-4 1. 很多马都很友好。
2. 艾德是一匹马。
3. 艾德很友好。

例6-5 房价会持续降低，因为我们正处于经济衰退时期，并且房价通常会随着经济衰退而降低。

比较例6-4和例6-6：

例6-6 1. 所有马都很友好。

2. 艾德是一匹马。

3. 艾德很友好。

例6-6是演绎的，因为不可能在无矛盾的情况下断言其前提而拒绝其结论。反之，如果我们这么做，我们肯定说了矛盾的话，即，

例6-7 所有马都很友好。艾德是一匹马。但是，艾德不友好。

不存在任何可能的场景使得三个语句同时为真。因为，如果所有马都很友好并且艾德是一匹马为真，那么艾德不友好肯定为假。要注意的是，在演绎论证中，结论不会增加任何不在前提中的信息。相反，归纳论证总是有一个推论跃越，因为结论总是表达前提中没有的信息。因此，归纳论证的结论并没有被严格包含在前提中。然而，这个特点使得归纳论证很适合物理学和生物学等领域中的科学推理，科学家总是根据观察到的一些样本案例总结因果联系或得出大致的结论。很多金属受热膨胀的观察使得科学家得出所有金属受热都膨胀的结论。这就像对人们的生活习惯与肺部疾病的调查得出了“吸烟增加了罹患这些疾病的概率”的结论一样。但是，

这两个结论都增加了信息，而这些信息并不是科学家的前提中已经有的。

归纳论证的另一个区别性特征是：新获得的证据总是能够改变前提对结论的支持度，有时候增强，有时候减弱。例如：

例 6-8 1. 98% 的州立学院学生都涉足政治。
2. 希瑟是一名州立学院学生。
3. 希瑟涉足政治。

论证例 6-8 是归纳的。如果它的前提为真的话，就为结论提供了一些支持。但是，希瑟不关心政治这一新证据会破坏前提对结论的支持。增加了这个证据，论证就变成：

例 6-9 1. 98% 的州立学院学生都涉足政治。
2. 希瑟是一名州立学院学生。
3. 希瑟从不投票。
4. 希瑟涉足政治。

比较一下例 6-8 和例 6-9，我们可以看出，因为增加的前提 3，例 6-9 中关于希瑟涉足政治的断言被驳斥。

到目前为止，我们所看到的归纳论证的特征表明它们不包含蕴涵：它们的前提，即使在成功支持结论的情况下，也从不能必然推出结论。也就是说，归纳论证不是保真的。尽管事实上一个归纳论证可能同时具有真前提和真结论，但是使其成为归纳论证的原因是：可能存在一个形式相同，但却具有真前提和假结论的论证。换句话说，归纳论证的前提并不蕴涵其结论。并且，正如我们在本章将要看到的，归纳论证缺乏蕴涵并不意味着它们不能给结论提供支持。事实上，即使不能从前提必然推出结论，它们也通常通过提供证据使得结论很可能为真或者有理由相信。这就是通常把归纳论证的前提称为"证据"的原因。同时，因为归纳论证的结论总是可能受支持但不能根据前提被完全证明为真，它们有猜测的成分，因此常被称为"假设"。

根据上述各种特征，归纳论证是似真论证。也就是说，尽管一个归纳论证为其假设提供的证据从不能蕴涵该假设，但是只要有证据成功地支持假设，就使得假设具有可能性。说一个断言是可能的就是说它很可能为真，或者至少有理由接受该断言。我们将在介绍归纳论证的一些常见类型之后，更详细地讨论成功归纳的标准。在结束本节之前，我们要确保自己知道专栏 6-1 中各个问题的答案。

专栏 6-1

归纳论证

怎样的论证是归纳的？

- 前提可能为结论或假设提供证据但不能保证其为真的任何论证。

怎么判断一个论证是不是归纳论证？通过检验。

- 是否可能存在一个形式相同，但是具有真前提和假结论的论证。

- 是否可以在无矛盾的情况下断言其前提并拒绝其结论。
- 结论是否增加了前提中没有的信息。

如果上述问题的任何回答为“是”，则该论证就是归纳的。

归纳论证的类型

枚举归纳

在本章所讨论的四种归纳论证的类型中，我们将从枚举归纳开始。一个枚举归纳总是有一个普遍结论，使得某类事物的所有成员都具有（或缺乏）某个特征。这样的结论是从此类事物的某些成员具有（或缺乏）该特征得出的。这类论证的结论通常被称为“归纳概括”，它是一个全称概括：

全称概括

是断言某个类的所有成员具有（或不具有）某个特征的一个语句。

可以用很多不同的句式来表达。常用的句式有“所有……都是……”“每一个……都是……”“没有一个……是……”。

请考虑下面这个句子：

例 6-10 玫瑰夏天开花。

例 6-10 也可以读作“所有的玫瑰都在夏天开花”。除非有额外的信息提供，该语句例示了“所有 A 都是 B”的形式。

要用枚举归纳来支持例 6-10，我们可以采用两种等效的策略。首先，给出一个这样的前提，比如，观察到很多玫瑰都在夏天开花。这就是一个非全称概括：

非全称概括

断言某个类的某些或很多成员具有（或不具有）某个特征的一个语句。

可以用很多不同的句式来表达。常用的句式有“大多数……是……”“有些……是……”“很多……是……”“n%……是……”（其中 n 小于 100），“一些……是……”“一些……不是……”。

根据这个策略，论证例 6-10 可以扩展成：

例 6-11 1. 据观察，很多玫瑰在夏天开花。

2. 所有玫瑰都在夏天开花。

为什么结论 2 是一个全称概括？因为它断言了某个类（玫瑰）的所有成员都具有某个特征（夏天开花）。请看在科学领域以及在日常生活中常见的一些全称概括：

例 6-12 每种金属受热都会膨胀。

例 6-13 任何马铃薯都含维生素 C。

例 6-14 每个物体都以恒定的加速度下落。

例 6-15 所有物体间的引力都与物体的质量成正比，与物体间的距离成反比。

例 6-16 没有绿宝石是蓝色的。

例 6-17 没有海水能够止渴。

例 6-18 没有骡能够生育。

根据上述策略，我们可以尝试用枚举归纳来支持非全称概括。毫无疑问，科学家们不可能观察所有的金属来得出结论例 6-12。因此例 6-12 的前提肯定是一个非全称概括，例如：目前所观察到的众多金属受热都会膨胀。类似的枚举归纳还支持上述的其他全称概括。每个这样的枚举归纳都有一个非全称概括前提，使得相关类的成员具有例 6-12 ～例 6-15 或不具有例 6-16 ～例 6-18 的某个特征。

一个通过枚举归纳支持这些全称概括的等效策略是用一些特称语句作为前提。

一个特称语句是关于个体事物或人的语句。例如，“本杰明 · 富兰克林创立了宾夕法尼亚大学”“那棵橡树有寄生虫”“玛丽的帽子是防水的”“联合国正在召开会议”。

如果我们要用这个策略来支持玫瑰夏天开花的结论，我们的论证可以这样进行：

例 6-19 1. 玫瑰 1 在夏天开花。

2. 玫瑰 2 在夏天开花。

3. 玫瑰3在夏天开花。

4. 玫瑰 n 在夏天开花。

5. 所有玫瑰都在夏天开花。

当 n 足够大时（比如，数十亿），结论5中的全称概括就受前提的支持，每个前提都是关于个体玫瑰在夏天开花的特称语句。这个策略与例6-11中所使用的策略等效，因为例6-19的前提意味着例6-11的前提所概括的。与例6-11类似的：

例6-20 1. 目前所观察到的每一只乌鸦都是黑色的。

2. 乌鸦都是黑色的。

论证例6-20的结论是描述所有乌鸦都具有某个特征的一个全称概括。与其他归纳论证一样，这里有一个推论跃越：从一些乌鸦具有某个特征，得出所有乌鸦具有该特征的结论。这个论证的前提如果为真，支持很多乌鸦具有该特征的断言，但是不能保证所有乌鸦都具有该特征。毕竟，没有人能观察过去、现在和将来的所有乌鸦！然而，论证例6-20的结论包含前提没有的信息。这类归纳具有以下的形式：

例6-21 1. n 个A类物体是B。

2. 所有A都是B。

显然，任何具有这种形式的论证都可能有真前提和假结论。因为总是可能存在一个尚未被观察到的A，使得A不是B或者不具备特征B。即使 n 很大，也可能发生这样的情况。

注意，如果 n 包括了所有的情况，那么论证就会是演绎的。

此外，要注意例 6-20 的假设是一个全称概括，即，

例 6-22　所有乌鸦都是黑色的。

因此，一只被观察到不是黑色的乌鸦就是证明例 6-22 为假的一个反例。类似地，如果有一头鲸鱼是冷血动物，下面的论证就有了一个反例：

例 6-23　没有鲸鱼是冷血动物。

这里的规则是：

枚举归纳论证的任何例外都是一个反例。也就是说，这样的例外证明了结论的假。

枚举归纳的另一个类似用法是预测未来和解释过去。例如，某人做了下述推理：

例 6-24　1. 以前的大多数动物物种都在进化中生存下来了。

2. 所有的动物物种都将在进化中生存下去。

例 6-24 的结论是一个关于未来事件的全称概括，自然学家可能通过过去几百万年以来很多动物物种都在进化中生存下来的观察来为此做辩护。这个前提是一个非全称概括，只是基于那些已经被观察到在进化中生存下来的物种。同时，那些没有在进化中生存下来的物种就会是反例，我们的自然学家可能会因此必须放弃结论中的全称概括。反例带来的结

果就是：

反例会影响物理、生物等的科学定律，例如伽利略自由落体定律和牛顿万有引力定律之类的全称概括。如果找到这些概括的一个反例，那么基于这些概括的科学理论就需要修正。

统计三段论

统计三段论是归纳论证：如果一个类中有很大一部分的事物具有某个特征，就认为该类具有该特征。例如：

例 6-25　1. 大多数外科医生都投了医疗事故险。
　　　　2. Hagopian 医生是外科医生。
　　　　3. Hagopian 医生投了医疗事故险。

例 6-25 满足我们对统计三段论的定义。前提 1 中的非全称概括为一些外科医生赋予了一个特征，然后把这个特征赋予 Hagopian 医生，因为他是外科医生的一分子。例 6-25 的形式是：

例 6-25a　1. 大多数 A 是 B 。
　　　　　2. *h* 是 A。
　　　　　3. *h* 是 B。

不能把例 6-25a 与下面这个演绎形式相混淆：

例 6-26　1. 所有 A 都是 B。

2. h 是 A。

3. h 是 B。

在统计三段论中，前提的概括必须是非普遍的，否则该论证就是演绎的，而不是归纳的。因此要记住，在统计三段论中总有一个非全称概括的前提，可以表述为：

例 6-27 百分之 n 的 A 是 B。

要作为归纳论证，概括中的“n”必须小于“100”。如：

例 6-28 1. 72% 的 A 是 B。

2. m 是 A。

3. m 是 B。

与其他归纳论证一样，统计三段论也是在日常推理和科学推理中常见的。它们的前提可以用来解释过去：

例 6-29 1. 很多著名的战役都有很谨慎的策略。

2. 纳尔逊指挥的特拉法加海战是一场著名的战役。

3. 纳尔逊指挥的特拉法加海战中有谨慎的策略。

或者预测未来：

例 6-30 1. 80% 的警官接受过反恐训练。

2. 迈克尔将会成为一名警官。

3. 迈克尔将会接受反恐训练。

统计三段论中的非全称概括程度关系到论证的可信度：概括程度越高，论证越可信（下一节将对此做更详细的讨论）。现在我们回顾一下全称概括与非全称概括的关键区别。

专栏 6-2

全称概括与非全称概括

（1）全称概括涉及某个类中的所有成员。可以用“所有”和“没有”等语言来表达。

（2）非全称概括只涉及某个类中的一些成员。可以用“一些”“大多数”“很多”“有些”“n%”等语言来表达。

因果论证

当明火接触易燃性物质时，总是会引发大火，这是个有充分依据的观察。有了这个证据，我们可以有把握地断定今天早上吉姆在煤气旁边点火柴引发了大火。我们从一个观察到的结果（大火），推出我们可能观察到或者没有观察到的一个可能的原因（吉姆今天早上在煤气旁边点火柴）。当我们只观察到一个事件的某些结果并要从中推出它们的可能原因时，类似的因果推理同样有用（就如案件调查中常见的）。还有的情况是，观察到一些与事件起因有关联的事实，用这些事实进行因果推理，从而预测可能的结果。例如，最近的医学研究表明：某些基因很可能是表现为某种社会病理学的一些精神疾病的病因。基因在这里似乎是一个很可能的原因，因为它们的出现对社会病理学的发展是必要的（尽管不是充分的）。毕竟，不是每一个携带这些基因的人都会患上此类疾病。其他因素，包括环境因素，也是必需的条件。在煤气爆炸的例子中，今天早上吉姆在煤气旁边点火柴是发生爆炸的充分但非必要的原因：在所描述的场景中，该动作肯定会导致爆炸，但是其他动作也可能导致爆炸。

对事件之间因果关系的了解对我们十分重要，因为对自然规律的掌握是人类生存和繁衍的必要手段。从谨慎的角度出发，我们希望促进那些会产生好结果的原因，同时阻止那些会产生坏结果的原因。知道干旱会使粮食减产，促使古代人民以及工程师发展早期灌溉系统。同样，我们学习某些微生物与疾病之间的因果联系的期望推动了医学研究，使得我们能够预防或控制传染病和致命的疾病，如疟疾和小儿麻痹症。因此，毫不夸张地说，我们的日常生活和科学进步在很大程度上取决于我们是否能够弄清事物之间的因果联系。

我们把一些现象（事物和事物的发生）当作其他现象的结果，而后者是前者的原因。这个因果关系进而被应用于我们遇见的新现象。关于某些事件如何与其他事件有因果关系的推理就是因果论证。

因果论证的断言使得两个或多个事物之间以下列任一方式产生因果关系：

（1）Y 因 Z 而产生；

（2）Y 引发了 Z；

（3）Y 和 Z 是 X 的因或果。

因果论证的推理是常识推理和科学知识推理中最基本的部分。当我们拥有关于事态 E 的一些经验证据并且要找出 E 形成的原因时，就可以用因果推理。这就要求我们确定哪个事态 C 与 E 相关联——是 E 的充分原因、必要原因或充分必要原因。“原因”这个词可以用来表达很多不同的关系。当一个现象总是能够独自引发某个结果时，就是充分原因，正如下面这个因果论证所表述的：

例 6-31 1. 昨天我的小区断电了。

2. 昨天我的电脑发生了故障。

3. 昨天的断电是我的电脑发生故障的原因。

例 6-31 中的断电被当作电脑发生故障的充分原因——就好像菜炒得太久一定会炒焦一样。但是，断电不是电脑故障的必要原因，因为即使没有断电，电脑也可能因为别的原因而发生故障，比如操作不当、散热不好或者零件损坏等。

有些时候，事件 C 是另一个事件 E 的必要原因，也就是说如果没有 C 就不会发生 E。没有 HIV 病毒就不会有 AIDS，这就是下面这个断言成立的“原因”：

例 6-32 HIV 病毒导致 AIDS。

还有一种导致某个结果的既充分又必要的“原因”。在这种情况下，某个原因能够独自引起某事发生，并且也是必要的。换句话说，如果没有这个原因，就不会有这个结果。例如：

例 6-33 由于拥有猫的基因序列，小猫毛毛长成了一只猫。

拥有特定基因序列既是毛毛长成一只猫（而不是一只猴子）的充分原因，又是必要原因，因为这样的原因总是能产生相同的结果。

然而，要注意的是，一组因果关联的断言可以是形如例 6-32 的概括或者例 6-33 的特称语句加上例 6-31 的结论。但是，当论辩者做出特称因果断言时，这些断言都有隐含的概括。在例 6-31 中，有一个隐含的前提可以被重构为全称概括或者非全称概括。如果被重构为全称概括，那么例 6-31 就是演绎论证。反之，如果被重构为非全称概括，那么例 6-31 就是归纳论证。作为一个归纳论证，可能被表示为：

例 6-31a 1. 断电通常是电脑发生故障的原因。
2. 昨天我的小区断电了。
3. 昨天我的电脑发生了故障。
———————————
4. 昨天的断电是我的电脑发生故障的原因。

例 6-31a 的结论是一个假设，如果前提为真，则该假设就有可靠的支持。 例 6-31a 的前提为真并不保证结论为真，因此它是归纳的。

专栏 6-3

“原因”的三个意义

（1）充分原因：C 是 E 的充分原因，当且仅当 C 总是能引发 E。

（2）必要原因：C 是 E 的必要原因，当且仅当 E 不会在没有 C 的情况下发生。

（3）必要充分原因：C 是 E 的必要充分原因，当且仅当 C 总是 E 的唯一原因。

契合差异法和共变法。在《逻辑体系》（*System of Logic*, 1843) 中，约翰·斯图亚特·穆勒（1806—1873）利用一般的直觉试图建立关于因果关系的概括。根据这些直觉，当某事发生时，就可能缩小（关于该事的可能原因或结果的）可接受假设的范围。这样，通过排除显然无关的因素，直到我们最后找到最有可能成为该事物发生的实际原因（或结果）的假设。在穆勒五法中，我们这里只讨论下面两种：契合差异法和共变法。

契合差异法 契合差异法有以下两个基本原则：

（1）契合：某个现象以不同的形式出现，所共有的因素很可能就是该现象的原因。

（2）差异：只在某个现象发生的时候出现的因素很可能是该现象的原因。

假设教练想知道为什么他的三个最好的队员（米克、吉姆和泰德）总是在星期五下午的比赛中发挥不好。弄清每个队员赛前所做的事情之后，教练做了如下推理：

例 6-34 1. 米克、吉姆和泰德在星期五下午的比赛中发挥不好。
2. 周四参加很晚的派对是他们三个在发挥不好的时候所做的并且是唯一做的一件事情。
3. 周四参加很晚的派对很可能导致他们比赛发挥不好。

教练的推理是“契合”原则的示例，因为它基本上具有这样的形式：

例 6-35 1. X 已经发生了几次。
2. Y 是 X 发生之前的唯一事件。
3. Y 引发了 X。

但是，要做出一个更加精确的断言，教练还应该用差异原则。首先，他应该比较队员参加很晚的派对和没有参加很晚的派对之后的表现。然后，如果队员只在前一种情况下表现不佳，那么他可以推出这个差异表明了前一晚的派对是他们表现不佳的可能原因。事实上，尽管契合法和差异法可以单独使用，但是为了更精确的结果，通常组合使用这两种方法。

共变法 共变法有以下原则：

（1）当一种变化与另一种变化高度相关时，其中一种变化很可能是另一种变化的原因，或者它们都由某个因素引发。

（2）当一个现象的变化与另一个现象的变化高度相关时，其中一个现象很可能是另一个现象的原因，或者它们都由某个第三因素引发。

假设某人问教练，为什么保持身体健康对一个球队的成员很重要。他可以用经验证据可靠地证明球员的身体健康与其表现有因果关系：

例 6-36 1. 球员们身体越健康，他们的表现就越好。

2. 身体健康很可能使得他们表现得好，或者他们表现得更好使得他们身体更健康，或者别的因素使得他们表现好又身体健康。

底层的推理大致为：

例 6-37 1. X 以某种方式变化，当且仅当 Y 以某种方式变化。

2. Y 引发 X，或 X 引发 Y，或某个 Z 引发 X 和 Y。

类比

类比也是一种归纳论证。通过它，关于个体、性质或类别的某个结论是根据与其他个体、性质或类别的某些相似性而得出的。在下面这个类比的例子中，关于某种汽车的结论是基于它与其他类似汽车拥有某些共同点而得出的：

例 6-38 1. 玛丽的汽车是 2007 款的越野车并且很费钱。
2. 简的汽车是 2007 款的越野车并且很费钱。
3. 西蒙的汽车是 2007 款的越野车并且很费钱。
4. 彼得的汽车是 2007 款的越野车。
―――――――――――――――
5. 彼得的汽车很费钱。

在例 6-38 中，论辩者想要通过类比得出合理的结论：彼得的汽车与玛丽、简和西蒙的汽车有两个相同点："2007 款"和"越野车"。这就使得我们有理由认为它们也有第三个共同点："费钱"。令"m""j""s"和"p"分别代表玛丽的车、简的车、西蒙的车和彼得的车；A、B 和 C 分别代表性质：2007 款、越野车和费钱。那么，例 6-38 的形式可以表示如下：

例 6-38a 1. m 具有性质 A、B 和 C。
2. j 具有性质 A、B 和 C。
3. s 具有性质 A、B 和 C。
4. p 具有性质 A 和 B。
―――――――――――――――
5. p 具有性质 C。

任何这种形式的论证都不是演绎的（即前提不能蕴涵结论）。但是，如果前提为真，那么这些前提可以为结论提供可靠的证据。类比可以使其结论成为可能，只要它们满足下面所说的可靠归纳论证的标准。对类比成立至关重要的特殊因素如专栏 6-4 所示。

专栏 6-4

类比

一个类比是否成立取决于：

（1）用来对比的事物或特征的数量。

- 数量越多，类比越可靠。

（2）事物间异同点的相似程度。

- 相似程度越高、差异度越小，类比越可靠。

（3）关于假设的特征的相关性。

- 相关性越大，类比越可靠。

（4）关于证据的假设的大胆性。

- 假设越谨慎，类比越可靠。

现在请考虑以下类比：

例 6-39 对北极熊和河马的大量研究表明，它们与许多大型野生动物有很多相关特征。这些动物也都是濒危的物种。因此，北极熊和河马也可能会灭绝。

这个类比的推理形式是：

例 6-39a 1. 北极熊和河马与物种 x、y 和 z 有很多相关特征。

2. 物种 x、y 和 z 都具有特征 f（是濒危物种）。

3. 北极熊和河马很可能具有特征 f。

如果北极熊和河马确实与某些濒危物种有某些相同特征，并且这些特征确实与论证的结论相关，那么例 6-39 的结论就是可能的。

评估归纳论证

归纳的可信度

假设我们要把上述许多论证当作演绎论证来解释，然后根据演绎论证的标准（如有效性、可靠性和说服力）来评估它们。这显然与宽容原则和忠实原则相矛盾，因为没有论证可以通过这样的评估。但是，有些论证似乎为它们的结论提供了支持，只要它们的前提为真。这表明，要评估归纳论证，我们需要的是评估演绎论证之外的标准。最重要的一个就是可信度（reliability）。它与归纳论证的形式有关：

一个归纳论证是可信的，当且仅当它的形式是这样的：如果前提为真，那么接受其结论为真实可信的。

当一个归纳论证是可信的，只要它的前提为真，它的形式就会使得它的结论是似真的。例如：

例 6-40 1. 99% 的吉他手也会演奏其他乐器。
2. 冯是一名吉他手。
3. 冯也会演奏其他乐器。

这个归纳论证看起来很可信：如果它的前提为真，它的形式使得结论是似真的。请考虑例6-41。它比例6-40不可信，但比例6-42更可信：

例6-41 1. 59%的吉他手也会演奏其他乐器。

2. 冯是一名吉他手。

3. 冯也会演奏其他乐器。

例6-42 1. 39%的吉他手也会演奏其他乐器。

2. 冯是一名吉他手。

3. 冯也会演奏其他乐器。

因此，归纳可信度是一个程度问题。一个形如例6-43的归纳论证比一个形如例6-44的归纳论证更加可信：

例6-43 1. 59%的A是B。

2. p是A。

3. p是B。

例6-44 1. 39%的A是B。

2. p是A。

3. p是B。

归纳可信度对逻辑思考者的实际作用可以通过与演绎有效性的实际作用进行对比而得出。两者都涉及论证的形式，以及论证的前提（如果前提为真）可能给结论提供的支持。在一个有效的论证中，如果前提为真，那么结论必定为真。在一个可信的论证中，如果前提为真，那么结论很可能为真。

正像我们在第 5 章所看到的，一个有效的演绎论证是保真的。相反，一个可信的归纳论证不是保真的。归纳可信度是日常论证和科学论证应该具备的两个必要特征之一。

归纳的力度

力度是归纳论证的另一个必要特征。因此，我们可以用它来评估归纳论证。当一个归纳论证满足专栏 6-5 中的条件时，这个论证就很有力。

专栏 6-5

有力的归纳论证

一个归纳论证是有力的，当且仅当：

（1）它是可信的；

（2）它的前提全部为真。

当一个归纳论证是有力的，我们就有理由接受它的结论。也就是说，有理由认为这个结论为真。我们可以用竞争的方式来考虑这个标准：根据归纳论证的结构，相反的结论总是在逻辑上可能的。假设生物 100 班的教授刚收到一名新生罗宾·麦肯齐的邮件。她要决定怎么开始回信，“亲爱的麦肯齐先生”还是“亲爱的麦肯齐女士”。假设生物 100 班的 80% 的学生是女生，然后进行如下归纳论证的推理：

例 6-45　1. 生物 100 班的 80% 的学生是女生。

2. 罗宾是生物 100 班的学生。

---

3. 罗宾是女生。

因为例 6-45 是一个归纳论证，即使它的两个前提都为真，结论（即语句 3）事实上可能不是真的。毕竟，名字叫“罗宾”的人也可能是一个男生。当然，根据前提提供的证据，结论 3 似乎比相反的假设（即罗宾是男生）更加可能。但是，想象一个不同的场景：假设我们知道生物 100 班的 80% 的学生是男生。那么，在相反的假设中，根据已知信息，最可能为真的结论就是罗宾是男生。这个论证现在表述如下：

例 6-46　1. 生物 100 班的 80% 的学生是男生。

2. 罗宾是生物 100 班的学生。

---

3. 罗宾是男生。

我们也可以用另一种方式定义归纳力度：

一个归纳论证是有力的，当且仅当：基于证据，论题极有可能为真。

像归纳可信度与演绎有效性的对比一样，归纳力度也可以与演绎可靠性进行对比。一方面，演绎可靠性不是程度问题，因为它取决于有效性和真，而这两者都不是程度问题（不存在“有点真”的前提或者“有点有效”的论证）。因此，与任何演绎论证要么有效、要么无效一样，演绎论证要么可靠、要么不可靠。另一方面，归纳力度的确是一个程度问题，因为它部分取决于可信度，而可信度是一个程度问题。这些标准的实际作用又是什么呢？当一个论证是演绎可靠的，其结论就是真的。承认此论证可靠性的逻辑思考者必须接受这个结论。但是，任何归纳有力的论证的结论最多只是很可能为真的。承认此论证力度的逻辑思考者有理由接受这个结论。对于用来评估归纳论证的这两个标准，其实际作用可以被总结如下：

归纳可信度的实际作用

如果一个论证的可信度高，那么只要它的前提全部为真，就有理由接受它的结论。

归纳力度的实际作用

如果一个论证的归纳力度强，那么我们就有理由接受它的结论，因为它有一个可信的形式并且前提全部为真。

那么，如果归纳论证无法满足其中一个或另一个标准呢？这样的论证都不能为其结论提供可靠的理由。

非形式谬误

[第 7 章 CHAPTER7]

论证失效的主要方式

什么是谬误

我们已经看到，论证会因为不满足有效性和可靠性等演绎标准或可信度和力度等归纳标准而出现问题。现在我们要更深入分析论证可能出现的其他问题。通过仔细观察一些推理出错的例子，我们对可靠推理的认识会更深入。我们从谬误的研究开始。这是推理中经常出现的错误类型，它们对论证以及信念和概念之间的关系有很大的影响。在逻辑思维中，谬误不仅仅是一个错误的信念或观点。例如，在一次日常对话中，某人说出了“动物感觉不到痛苦”的谬误。更确切地讲，

谬误是概念或信念之间的一种无效关系的模式。它影响任何例示此形式的推理。

谬误值得研究，不仅因为例示它们的论证不能支持其结论，而且因为它们可能是误导性的。它们可能以很细微的方式影响论证。所以，当我们一开始看到或听见这样的论证时，会认为它们毫无问题。但是，我们对此思考得越多，就越会怀疑是不是有什么地方出了问题。谬误通常被分为形式谬误和非形式谬误。形式谬误是发生在如下论证中的一种错误：这些论证看起来是一种有效论证形式的实例，但依据它们的形式，事实上是无效的。这样的错误有很多种，因此就有很多不同的形式谬误。它们都有一个共同点：它们只影响演绎论证。这些论证表面上看起来具有某个逻辑系统（如命题逻辑或直言逻辑）的有效论证形式，但实际上却是无效的。当某种错误经常出现时，我们就给它命名（我们将在第四部分对此进行讨论）。另一方面，非形式谬误涉及的错误是论证可能例示了某些错误的形式或内容。它们可能影响演绎论证或归纳论证，总是使论证不能为结论提供良好的支持。例如，对于一个具有非形式谬误的论证，其前提和结论之间的关系可能并不成立，而这种关系不与任何具体的论证形式相关。论证也可能受混乱的表达方式或内容的影响。因为非形式谬误的类型太多，我们必须先通过分类使大家对此有一个大致的了解。

专栏 7-1

避免谬误的实际作用

逻辑思维要求能够识别并避免谬误。具体地，我们要知道：

- 如何识别他人的论证是谬误的（从而不会被误导）。
- 如何避免自己的论证发生谬误（从而使得论证可以支持它们的结论）。

非形式谬误的分类

非形式谬误的分类方式不止一种。但是，有些谬误比其他谬误更值得重视。本书给出了一个非常标准的谬误列表，包括下面这些常见的非形式谬误，如表 7-1 所示。

表 7-1 常见的非形式谬误

无效归纳谬误	预设谬误	含糊语言谬误	相干谬误
轻率概括	窃取论题	滑坡谬误	诉诸同情
不当类比	争议前提	歧义	诉诸暴力
虚假原因	复杂问语	相关	诉诸情感
诉诸无知	虚假选言	混淆断定	人身攻击
诉诸不当权威	例外谬误		跑题
			稻草人谬误

我们将逐个讨论上述谬误，并仔细分析各类谬误中的每个谬误形式。在第 6 章，我们对归纳推理进行了讨论，因此我们首先分析滥用归纳可能会产生的谬误。

归纳论证什么时候会出错

在本章中，我们将讨论与滥用归纳推理有关的五种非形式谬误，具体如下，如图 7-1 所示。

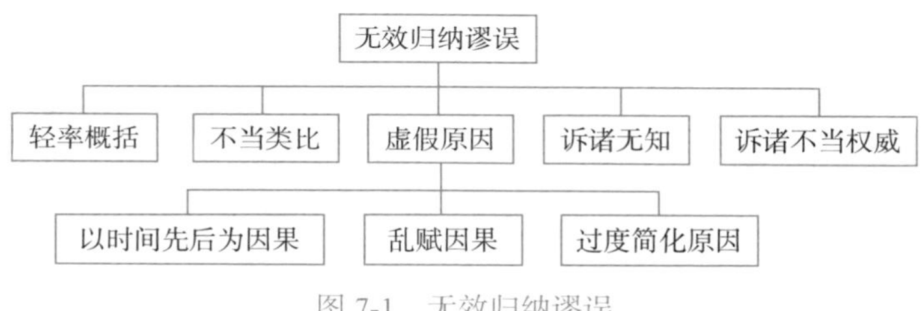

图 7-1　无效归纳谬误

轻率概括

轻率概括谬误会影响枚举归纳。我们已经知道，枚举归纳通常以断言某些事物具有（或缺乏）某一特征的前提出发，得出关于此类所有事物的一个概括性的结论，即所有此类成员都具有（或缺乏）该特征。这种论证的结论是一个全称概括，如“所有豹子都是肉食动物”和“没有豹子是肉食动物”。因而，枚举归纳可能是这样一种形式：

例 7-1　1. 到目前为止被观察到的所有豹子都是肉食动物。

2. 所有豹子都是肉食动物。

当豹子的某些典型代表被观察到是肉食动物时，这个归纳论证的结论就得到了有力的支持。同样，如果我们观察到豹子的某些典型代表都是野生动物，就可以根据观察得出所有豹子都是野生动物的可靠结论。相应的归纳论证是：

例 7-2 1. 到目前为止被观察到的每只豹子都是野生动物。

2. 所有豹子都是野生动物。

但是，为了使任何此类归纳结论成立，论证必须符合专栏 7-2 中的条件。如果不满足其中任何一个条件，或者两个条件都不满足，那么论证就犯了轻率概括的错误，因此是不成立的。

轻率概括是指当观察到某类事物的极少代表具有某个特征时，就得出所有此类事物都具有该特征的一种错误，或者观察的代表既不全面也不随机。

专栏 7-2

如何避免轻率概括谬误

在评估枚举归纳时，要记住只有以下方法才可以避免轻率概括：

- 结论所依据的样本足够大。如例 7-1 和例 7-2，论辩者必须观察足够多的豹子。
- 从目标群体中选取的样本既是全面的又是随机的。

在例 7-1 和例 7-2 中，论辩者必须在不同的情况下到世界各个地方观察典型的豹子。

假设一队自然学家观察了 50 万头豹子，并且它们都是野生动物。这些动物都是在 8 月第 1 周的某个时间在印度观察到的，这个时候正好是豹子的觅食时间。这个样本看起来足够大，因此观察者得出了这样的结论：

例 7-3　所有豹子都是野生动物。

但他们可能犯了轻率概括的错误，因为世界上的其他地方也有豹子。并且每年的其他时间以及其他情况下也能看到豹子。很显然，这个样本既不全面也不随机。在这种情况下，论证例 7-2 就不能为它的结论提供可靠的理由。假设自然学家在各个时间、各种情况下到世界各地直接观察豹子。但样本只有 37 头豹子。自然学家是否能为例 7-3 的结论提供更好的理由？不能，因为尽管样本满足了全面性和随机性，但还是太小。这种情况下自然学家同样犯了轻率概括的错误。

不仅自然学家和其他科学家需要注意这种错误，逻辑思考者也应该对很多日常情景中的轻率概括有所防范。其中，我们最熟悉的就是刻板地看待他人。假设中西部的某人第一次到加利福尼亚旅游。他认识了三个加利福尼亚的当地居民，并且他们都练瑜伽。想象某人假期结束以后回到家里，告诉他的朋友：

例 7-4　所有加利福尼亚人都练瑜伽。

如果有人质疑，他会提供这样的论证：

例 7-5　1. 我遇见了玛格丽特·埃文斯，她是加利福尼亚人并且练瑜伽。

2. 我遇见了阿莉莎·门多萨，她是加利福尼亚人并且练瑜伽。

3. 我遇见了迈克尔·吉川，他是加利福尼亚人并且练瑜伽。

4. 所有加利福尼亚人都练瑜伽。

例 7-5 的推理也是一个轻率概括的例子。此外，它刻板地看待加利福尼亚人：根据前提中描述的样本，并不能得到结论。

现在想象一个不同的场景：假设一位人类学家去加利福尼亚研究现在加利福尼亚人的习俗。假设她去过南加利福尼亚、圣华金河谷、旧金山湾区以及这个州的所有区域，遇见了各行各业、各个社会团体、各个宗教、各个族群的人——从城市、郊区，到小镇、乡村。假设她与数千人交谈，并且发现所有这些人都练瑜伽！（当然这是不可能的，我们只是假设这种情况。）那么，她得出如例 7-4 的结论就不是一个谬误：根据调查的广度和深度，该结论是一个有力枚举归纳的合理结果。但是要注意，这个论证与前面所说的论证例 7-5 有多么不同！关于所有加利福尼亚人的结论只是基于三个实例，这显然是不合理的。这是一个冒牌的枚举归纳，并且是一个令人讨厌的刻板做法。为了避免这种刻板做法及其基础——轻率概括谬误，逻辑思考者应该牢记：

关于某类或某个群体的结论不能在下列情况下得到支持：

- 样本太小；
- 样本不够全面或不是随机的，或者既不够全面也不是随机的。

不当类比

不当类比是归纳论证不能支持其结论的另一种情况。类比的基础推理模式大致可以表述为：

例 7-6　1. f 和 j 因为都具有 n 个相同的特征而相似。

2. f 还具有第 $n+1$ 个特征。

3. j 也具有第 $n+1$ 个特征。

但是，此类论证是否成立很大程度上取决于它是否能通过专栏 7-3 的检验。如果检验表明，特征 $n+1$ 只有 f 具有，那么原以为可以对比的事物实际上是不具可比性的，因此论证犯了不当类比谬误。对此，我们总结如下：

一个类比要成立，其前提宣称相似的事物事实上也须以一种与结论相干的方式类似。只要不满足这个条件，就犯了不当类比谬误。

专栏 7-3

如何避免不当类比谬误

在评估形如例 7-6 的论证时，我们可以问以下问题：

- 数字 n 有多大？这 n 个特征与类比的结论有关系吗？（通

过问这个问题，我们想要知道前提是否为结论所做的断言提供了足够全面的相关特征。）

- 前提所声称的事物是否确实都具有这 n 个特征？（通过问这个问题，我们想要知道前提中声称的相似性是否确实存在。）

想象这样一个场景：有一对姐弟，弟弟小约翰 5 岁，姐姐苏西 13 岁。一天晚上，到了弟弟该睡觉的时间，他妈妈对他说："小约翰，现在 9 点钟了，快上床去睡觉！"但是，小约翰回答说："你让苏西待到那么晚。"小约翰正当地表达了对他的不公平对待吗？他的论证可以重构为以下形式：

例 7-7 1. 苏西和我在很多方面都相似。
2. 苏西没有被要求晚上 9 点钟上床睡觉。
———————————————
3. 我不应该被要求晚上 9 点钟上床睡觉。

但是，这是一个不当类比，因为小约翰理所当然认为苏西的情况和他的情况一样。但事实上，他们的情况不一样。尽管他们在同一座房子里生活，上同一所学校，有同样的父母，但他们还是有一个特征不一样：不一样的年龄。小约翰只有 5 岁，而苏西已经 13 岁了。在面对晚睡这个问题时，妈妈会进行合理的判断：我对一个 13 岁孩子的要求与对一个 5 岁孩子的要求应该不同。这样，小约翰的认识与妈妈的认识就完全不同了。因此，小约翰的论证是一个不当类比，因而不能支持该论证的结论。

当然，不是所有的不当类比都这么明确可辨。对于某个类比是否完全是一个谬误存在一定的分歧余地。有些类比不太恰当，但并不是错误的。还有一些类比触及了类比恰当与否的底线，很难判断其是否成立。此外，类比是日常推理中最常见的论证形式之一。也是在政治演讲中被广泛使用的论证形式。逻辑思考者应该特别注意政治家的企图：将某些事实上有争议的类比当作显然成立的。来自伊拉克萨德姆·侯赛因的恐吓与来自德国希特勒的恐吓可以做对比吗？阿富汗战争与越南战争有可比性吗？当我们用逻辑来分析这些事件时，应该在判断类比恰当与否之前对事实进行细致的研究。并且，很多现实生活决策都基于这一类论证。当我们基于 j 和 f 都具有特征 A、B 和 C 并且 f 具有特征 D，而得出 j 也具有特征 D 时，我们只有在以下情况下才能接受这个类比的结论：

- 具有特征 A、B 和 C 与具有特征 D 相关；并且
- 就是否共同具有 D 而言，没有证据表明 f 与 j 在某个重要方面有所不同。

虚假原因

前面我们通过观察两个事件总是一起发生，得出了因果论证，并据此推断这两个事件之间有因果联系，或者这两个事件与另一个事件有因果联系。一些类似的论证可能是归纳

有力的。假设小艾米丽在她的姐姐们（佩内洛普和柏妮丝）长水痘一个星期后感染了水痘，并且假设艾米丽在这一周内与佩内洛普和柏妮丝一直有接触，我们可以合理地推断她是从她的姐姐那里感染了水痘的。只要我们知道传染性疾病是如何传播的，这个归纳结论就受到了支持。但不是所有的因果论证都是有力的。当专栏 7-4 中的任何一个错误出现时，就会产生一个虚假原因谬误。

虚假原因：犯这种错误的论证辩称两个现象之间具有重要的因果联系，而事实上它们之间的因果联系极其微小或并不存在。

专栏 7-4

如何避免虚假原因谬误

在下列两种情况下，因果论证可能不成立：

- 论证推断两个现象之间具有因果联系，但事实上根本不存在因果联系。
- 论证错误地将某个现象作为某个被观察到的结果的充分原因（或决定性原因），而事实上只是该结果的附带原因（多个原因之一）。

现在来逐一考虑虚假原因谬误的三种类型，如图 7-2 所示。其中一种是：

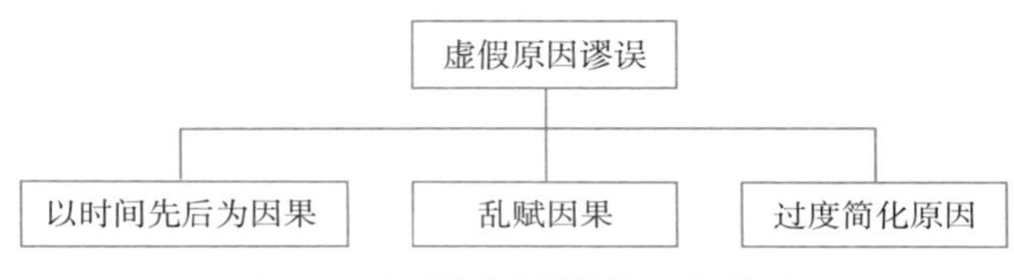

图 7-2　虚假原因谬误的三种类型

以时间先后为因果的谬误：两者事实上根本没有因果关联，却认为某个先发事件是某个后发事件的原因的谬误。

日常生活中，容易犯这类谬误的原因是：当我们看到两个事件总是相继发生时（也就是说，总是能同时观察到它们，首先是第一个，然后是另一个），我们就会很自然地认为先发事件是后发事件的原因。但是不难想象，有的时候我们对因果联系的归纳是不对的。假设我们看见一辆公共汽车经过广场的法院，随即塔楼敲响了九点的钟声。日复一日，我们都看到事件以同样的顺序发生。那么，我们最后会说是公共汽车经过法院使得九点的钟声被敲响吗？当然不会！然而，在我们的经验中，这两件事情总是相伴发生：钟声总是在公车经过时敲响。

显而易见，从公共汽车经过和钟声敲响经常相伴发生的证据得出前者引发后者的结论是荒谬的。但是，在日常生活中我们经常听到这样荒谬的论证。假设赫克特和芭芭拉之间关系不和睦，而他们的一个朋友想要解释这个问题的原因：

例 7-8　1. 赫克特是摩羯座的。
　　　　2. 芭芭拉是双鱼座的。

3. 摩羯座和双鱼座不和谐。

4. 他们最近的问题源自两人的星座不和谐。

论证例 7-8 不能支持它的结论，因为它断言的因果关系并没有可靠的证据。在这个例子中，我们也不应该期待有什么可靠的证据，毕竟我们没有理由认为星相和其他天文现象能够实际影响我们的生命过程。不管导致两人矛盾的原因是什么，肯定是别的事物。论证例 7-8 是一个以时间先后为因果的谬误，是虚假原因的一种形式，因为它认为生在天体具有某个特定组合（确定了星相）的某一天与后期长成的个性特点之间有因果联系。但是，我们并没有理由认为这两个顺序事件之间确实相关。

虚假原因的另一种情况是：

乱赋因果谬误（简单地说，就是把不是原因的事件错当成原因）：

并不是错把两个相继发生的事件中的先发事件当作后发事件的原因，而是错把两个同时发生的事件的其中一个当作另一个的原因，但事实上并非如此。

错为因果的一种形式就是混淆因果。19 世纪早期英国农业的一份调查报告显示，对于被调查的农民来说，勤劳的人都至少拥有一头奶牛，而懒惰的人就没有奶牛。这使得调研者得出如下结论：通过给予每人一头奶牛的方式，可以全面提高生产力，并且可以提高懒惰农民的生产积极性！

在这里，推理显然出了问题。但是问题出在哪里呢？似乎出在下面这个扩展的论证中：

例 7-9　1. 所有被调查的勤劳的农民都是奶牛拥有者。
　　　　2. 被调查的懒惰的农民没有一个是奶牛拥有者。
　　　　3. 只有拥有奶牛的农民才是勤劳的。
　　　　4. 拥有奶农和勤劳之间是正相关的。
　　　　5. 拥有奶牛是勤劳的农民之所以勤劳的原因。

为了讨论的方便，假设我们同意被选取的英国农民的样本足够大、足够全面并且是随机选取的。那么，前提 1 和前提 2 支持结论 3 以及结论 3 的重述（结论 4）。但是，关于因果的断言 5 却不受支持！勤劳是拥有奶牛的一个很可能的原因，但反过来并不是。混淆了因果，因此，例 7-9 的错误为因果谬误。

最后，与我们前面看到的大不相同，虚假原因的第三种情况是：

过分简化原因：夸大两个（确有因果关系的）事件之间的因果联系的谬误。

假设一位参与竞选的副总统说：

例 7-10　1. 在这届任期的开始，国家经济萧条。
　　　　2. 在这届任期的最后，国家经济繁荣。
　　　　3. 白宫的经济政策对国家经济有效果。
　　　　4. 经济的好转是因为这届任期的政策。

例 7-10 不能支持它的结论。让我们假设前提全部为真。即使这样，前提 3 声称的因果关系事实上只是一个附带原因（它是众多原因中的一个，而且只是一个很弱意义上的“原因”）。但是结论 4 做了夸大的表述，即把当前任期的一些措施当作经济好转的充分原因。这无疑是一种夸张。参加竞选的副总统因为把国家经济的好转全部归结到自己身上而犯了过度简化原因的错误，从而夸大了他任期内的政策“使得”经济好转的表述。当然，很多政治家都十分擅长将任何好的事情都归因于他们的执政。但是，要证明完全是因为他们的努力又是另一件事情。逻辑思考者应该防范这类错误，以及任何由因果论证不成立而产生的虚假原因的其他类型。

诉诸无知

无效归纳的另一种谬误就是**诉诸无知**（*appeal to ignorance, ad ignorantiam*）：犯了这类错误的论证断定某个语句为真是因为它未被证明为假，或者某个语句为假是因为它未被证明为真。一般来说，

诉诸无知谬误：在一个论证中，关于某种情况成立（或不成立）的结论是通过诉诸缺少反面证据而得到支持。

假设某人进行如下推理：

例 7-11 1. 从来没有人证明上帝不存在。

2. 我们可以肯定地断言上帝存在。

例 7-11 犯了诉诸无知谬误，例 7-12 也是如此：

例 7-12　1. 从来没有人证明上帝存在。
　　　　2. 我们可以肯定地断言上帝不存在。

同样，一个相信超感官知觉的人可能会争辩：

例 7-13　1. 目前还没有人能证明超感官知觉不存在。
　　　　2. 有理由相信超感官知觉存在。

显然，例 7-13 提供的用来支持结论的唯一理由就是缺少相反证据。但是，从前提中我们可以推出的结论仅仅是我们不知道超感官知觉是否存在！给出的结论（即“有理由相信超感官知觉存在”）太过绝对。它不是这么一个不具说服力的前提可以支持的。类似的推理也可以证明例 7-11 和例 7-12 是不成立的。

专栏 7-5

如何避免诉诸无知谬误

- 如果一个论证的前提仅仅以缺少与结论相反的证据为由，那么该论证就犯了诉诸无知谬误。这样的前提为它们所支持的结论提供了很不可靠的理由，因此该论证不成立。
- 为什么？因为只是缺少相反证据本身并不能构成任何事物的肯定性证据！除了对结论持不做判断的态度，这样的论证并不证明任何事物。

但是，我们还要给出一个重要提示。假设要证明某个断言的尝试引发了严密的科学调查，并且这样的努力一直没有找到支持断言的证据，再假设这个断言并不能解释任何东西。在这种情况下，拒绝接受这个断言并不是谬误。我们要具体问题具体分析。请考虑下面这个断言：

例 7-14 女巫存在。

尽管关于女巫存在的断言有一个很长的历史，但是所有想要证明这个断言的努力都因为缺乏证据而失败。此外，女巫这个概念在任何科学理论中都没有严格的解释。女巫的存在并不能解释自然世界中发生的任何事情。分析表明，以下结论并不是一个谬误：

例 7-15 女巫很可能不存在。

这样的归纳结论是似真的，因为在彻底调查之后并没有可靠的经验证据。因此，我们不能把它与诉诸无知谬误相混淆，如图 7-3 所示。

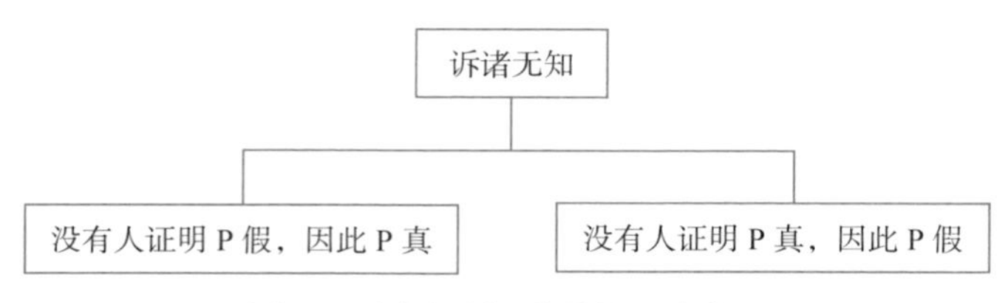

图 7-3 诉诸无知谬误的两种类型

诉诸不当权威

弱归纳的另一种谬误是**诉诸不当权威**（*appeal to unqualified authority, ad verecundiam*），它可能会阻止一个论证支持其结论。

犯诉诸不当权威谬误的论证试图在前提中援引一位所谓的专家来支持结论，但事实上这位专家并不具有与所做出的断言相关的专业知识，或者他给出的观点与本领域专家的共识不一致。

当美国国家电视新闻台脱口秀节目主持人拉里·金宣扬一种维生素 C 片剂“Ester-C”的保健作用时，金的很多粉丝可能受到很大的影响，从而相信这个维生素片剂的营养价值。假设一位观众受到金的启发，争辩说：

例 7-16　Ester-C 会使我更健康，因为拉里·金这么说了。

例 7-16 是一个诉诸不当权威谬误。尽管金是娱乐界、体育界和政治界的一位名人，但他并没有营养学的专门知识。他只是利用自己作为电视标杆人物的名气来推荐一个产品。但要注意的是，在这个例子中犯了谬误的不是金，而是电视观众说了例 7-16。他错误地认为电视人这么说了就可以肯定 Ester-C 有保健作用。如果他引用本领域专家对于产品作用的一致意见，论证就不会犯这样的错误。本领域的专家应该是营养学家和生物医药研究人员。但是，这些现实生活中的专家是否真的同意金的观点是不清楚的。

现在，我们还要注意另一个关键问题：不是所有的诉诸权威都是谬误的。例如：

例 7-17 1. 为预防蛀牙，美国牙医学会建议每天都用牙线洁牙。

2. 每天用牙线洁牙是预防蛀牙的一个好方法。

虽然例 7-17 也诉诸权威（即美国牙医学会）来支持关于每天用牙线洁牙的好处的断言，但是它并不属于我们上面所讨论的谬误。因为对于上述结论（即牙齿健康）来说，美国牙医学会是一个合格的权威，所以该结论受到了前提的支持。诉诸权威有很多完全正当的用法。如果被引用的专家意见确实来自对相关领域熟知的、能对此做出权威性判断的个人、团体或组织，引用权威的论证就不是谬误。确实，大多数我们所知道的是基于我们信任的来源提供的证据。当然，我们从科学中知道的绝大部分知识以及从历史中知道的几乎所有知识都是以这种方式获得的。不过，虽然这样的信任通常是正当的，但有时候也会出错，因为即使最受尊敬的专家也偶尔会出错。因此，关于诉诸权威论证的结论，最好的情况是：它们在某种程度上可能为真，但绝不是肯定为真。因为专业知识本身也有程度之分（有些专家比其他专家更专业），所以诉诸权威的前提所提供的支持程度不是决定性的。显然，这样的论证是归纳的。

即使如此，我们也不能否认有些江湖骗子和狂想者做出完全假的断言。他们自诩为“专家”，但事实上根本不是。引用这些伪专家对于某个断言的证言是诉诸不当权威谬误最臭名昭著的形式。与这类谬误具有同样误导性的还有一种形式。在这种形式中，为了支持某个断言，某人引用的证言的确是一位真专家的证词。不过，该证词只是问题的一个方面，因而受到领域专家们的驳斥。换句话说，专家们对这个问题还没有达成一致意见。因此，把某一方的观点当作最终的权威意见来支持某人的结论，等于犯了诉诸不当权威谬误。著名的物理学家亚瑟·爱丁顿爵士认为，应该认真研究“超自然”物理现象，而这并没有为我们提供相信他的可靠理由，因为爱丁顿的这个观点并不代表物理学家的一致意见（无论在他那个时代，还是在我们这个时代）。

但是，如果我们引用某些具有利己偏见的来源的证据，我们得出的结论也是诉诸不当权威谬误。在《纽约时报》最近报道的一项研究中，研究人员试图判断纸巾和干燥机哪一种能更快速地干手。然而，这项研究是一家纸巾公司资助的！毫不令人吃惊，研究人员发现用纸巾擦手干得更快。现在，设想我们基于这个结论做出一个最快干手方式的断言。这就犯了诉诸不当权威的谬误。

因此，只有在下列两种情况下，诉诸权威有时候存在争论（可能是谬误的）：证据来源不是关于论证所做断言的主题的领域专家；或者一个真实权威专家的个人意见被当作所有专家的一致意见，而事实上并不成立。例如：

例 7-18 州立大学法学院是学习法律的好地方，因为杰克叔叔这么说。

除非杰克叔叔是专家，并且他表达的是熟知法学院的专家们的一致意见。否则，这样的援引就是谬误的。相反，下面的诉诸权威不是谬误：

例 7-19 很多著名的法学家和法律教授都很尊敬州立大学法学院。
州立大学法学院是学习法律的好地方。

论证例 7-19 引用了领域专家的普遍意见，因此只要它的前提是真的，它的结论就受到了支持。因为对许多断言的辩护都需要引用权威，所以区分相关领域的合格权威与不当权威至关重要。相应的规则如下：

在评估形如“A 说 P，所以 P”的论证时，应该判断 A 是否确实是关于 P 的专家，以及 A 是否表达了所有专家对 P 的一致观点。如果不是，那么该论证就不能支持其结论，从而应该被拒绝。

例如，关于对历史的看法，比起业余历史学家提出的观点，以著名专业历史学家的著作为依据更加合理。如果我们想要对法国大革命、明朝或者西奥多·罗斯福的执政有充分的了解，我们参考的书籍不应该是自行出版或者自费出版的。相反，我们应该选择那些在同行中最有名望的历史学家以及那些广受好评的作品。当然，虽然这些标准都不能保证专业性，但它们可以使得我们的信念尽可能可靠。同样，对于自然的看法，最可靠的信息来源毋庸置疑是自然科学领域最受推崇的期刊，而不是那些宣传治愈癌症的神奇疗法以及心电感应“证据”的市场小报。因此，对于科学家来说，成为受尊重的、主流学术著作的作者，以及在学术圈享有盛誉，通常是作为真正专家的可信标志。对逻辑思考者来说，区分真假专家的能力是很重要的，因为这通常是区分合法的诉诸权威与诉诸不当权威的立足点。

专栏 7-6

如何避免诉诸不当权威谬误

要避免诉诸不当权威谬误，我们要记住它与合法诉诸权威的区别。区别就在于为支持某个断言而援引的权威：

（1）是否确实具有相关领域的充足专业知识；

（2）是否表达了能代表相关领域专家们的意见（可能是最主流的）。

第 8 章
CHAPTER8

避免无根据的假定

预设谬误

现在我们来讨论一些出于如下原因可以被归为一类的谬误：犯了这些谬误的论证认为某些事实上有争议的事物理当如此。这些论证依赖于预设，即那些被认为理当如此的有力的假设或背景信念。一般来说，预设没有错：论证通常基于一些根本不会产生预设谬误的隐含信念。但是，当论证认为一个有争议的信念理当如此时，它就犯了预设谬误。在此类谬误论证中，不受支持的信念起初似乎并无异样，甚至是可接受的，虽然实际上两种情况都不成立。基于有争议预设的论证所犯的错误类型包括了图 8-1 中的五种谬误。

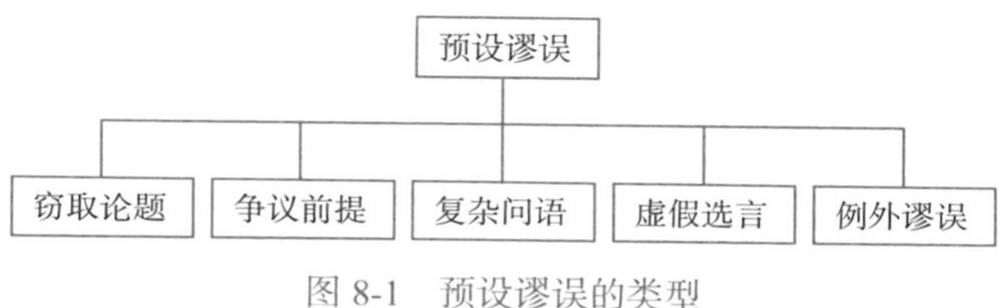

图 8-1　预设谬误的类型

窃取论题

在第 5 章中，我们看到有效论证的前提可能为真，但仍不能作为结论的说服性理由。任何可靠但无说服力的论证也有可能如此。因此，这样的论证不能使一个理性思考者接受其结论，即使论证的有效性对思考者来说是显而易见的。为什么？假设我们试图说服你理性地接受某个断言，例如：

例 8-1　我们关心逻辑思维。

我们为你提供下面的理由作为前提。

例 8-2　情况并非我们不关心逻辑思维。

整个论证如下。

例 8-3　1. 情况并非我们不关心逻辑思维。
　　　　2. 我们关心逻辑思维。

例 8-3 是有效的，并且我们可以假设前提为真。但是例 8-3 仍然没有说服力，因为如果逻辑思考者质疑这个结论，它并没有给出能够说服逻辑思考者接受其结论为真的理由。哲学家称之为“循环推理”。例 8-3 受到了某种程度的、可能恶性的循环的影响，因为它会使任何包含自身的论证不成立。本文将要表明，许多演绎论证允许一定程度的循环，这类循环被称为“良性循环”。

例 8-3 是恶性循环，因为其前提和结论的内容相同，以至于前提并不比其支持的结论更可接受。前提只是对结论的一种重述，正如下列论证形式所示。

例 8-3a　1. 情况并非非 P。

　　　　2. P

因为双重否定等于肯定，例 8-3a 显然是例 8-3b 的间接形式：

例 8-3b　P

　　　　P

任何此类形式的论证都是有效的，并且如果前提为真，则论证也是可靠的。在论证例 8-3 中，因为我们确实关心逻辑思维，所以前提是真的，因而论证是可靠的。但是不难看出，该论证还受某种循环的影响，这种循环可能会破坏任何受其影响的论证。因为一个前提的职责就是支持某个论证的结论。显然，P 不能支持 P[㊀]，因为一方是另一方的重述。类似地，并非非 P 也不能支持 P。

㊀ 原文是“P cannot support P”。——编者注

任何具有这种恶性循环的论证都犯了窃取论题谬误，也称为“预期理由（*Petitio Principii*）”。

- 当一个有效（甚至是可靠的）论证窃取论题时，它的前提无法为接受其结论提供强有力的理由。
- 窃取论题的任何论证都没有说服力。
- 窃取论题的论证的结论事实上可能完全可接受，但是这可能是出于该论证之外的原因。

然而，有时并不容易判断因窃取论题而造成的说服力缺乏。假设一个动物权益观察小组正在调查一起发生在北卡罗来纳州罗利市动物园的关于虐待动物的投诉。他们采访的一位工作人员说：

例 8-4　在我们的动物园里，对待动物都是人道的，只要这个动物园的动物没有遭到非人道对待。

例 8-4 不能说服动物权益观察小组，因为它很明显犯了窃取论题谬误。即使这个论证是可靠的，前提也不能为接受其结论提供有力的理由。因为“人道的”等同于“并非不人道”，前提只是论证的结论的重述。因此，该论证达不到预期的效果（即支持结论）。由于类似的窃取论题的错误，下面关于上帝存在和不存在的论证也同样不成立：

例 8-5　1. 情况并非上帝不存在。
　　　　———————————
　　　　2. 上帝存在。

例 8-6 1. 情况并非上帝存在。
2. 上帝不存在。

请考虑下例：

例 8-7 1. 荷马写了《奥德赛》。
2. 荷马存在过。

要使例 8-7 的前提可接受，我们似乎必须先接受论证想要支持的结论（即确实存在过一位诗人荷马）。因此，例 8-7 也犯了窃取论题谬误。它无法提供能使逻辑思考者信服其结论的理由，即使前提为真并且论证有效。

要注意的是，与例 8-3、例 8-5 和例 8-6 不同，影响例 8-7 的循环不是论证形式，而是所涉及的概念：荷马写了《奥德赛》预设荷马存在过。

- 一个论证犯了窃取论题谬误，当且仅当它的某个或多个前提只有在结论已被接受的情况下才可以被接受。在这样的论证中，至少有一个前提预设了结论，因此这个前提不能作为接受结论的理由。
- 论证是“窃取”——而非支持——其“论点”或结论。

窃取论题指一个演绎论证的说服力失效。它是恶性循环推理造成的谬误，取决于所涉及的论证形式或概念。如果一个有效论证的前提只是因为结论已被接受而被接受，前提就不能说服逻辑思考者接受结论。因此，只要一个论证窃取论题，它就没有第 5 章讨论的有效论证的重要特征——说服力。

换句话说，任何恶性循环论证的前提都不能支持结论。这样的前提无法为结论提供说服性理由。

专栏 8-1

如何避免窃取论题谬误

判断窃取论题谬误的规则是：给定一个具有可接受前提的有效论证，检验这些前提是否比它所支持的结论更可接受。如果是，则论证是有说服力的。如果不是，则论证就犯了窃取论题的错误。

循环推理

所有有效论证都有某种程度的循环，因为此类论证结论的信息总是被包含在前提中。但是，并非所有演绎论证都窃取论题。循环论证的内容及其循环的程度可以帮助我们判断论证是否窃取论题。我们可以通过快速分析一些循环论证来说明。

如前所述，任何有效论证都有某种程度的循环，或者因为其形式，或者因为其所涉及的概念，或者两者皆具。下面这两个论证受论证形式循环的影响：

例 8-8　1. 今天多云且有微风。
　　　　2. 今天有微风。

例 8-9 1. 教皇在罗马。
　　　　2. 教皇在罗马。

显然，影响这两个论证的循环是其论证形式，即：

例 8-8a 1. C 并且 B
　　　　2. B

例 8-9a 1. E
　　　　2. E

任何具有这两种形式之一的论证都是有效的，因为如果前提为真，那么结论也必定为真。但是，在两种形式中，前提都不会比它想要支持的结论更容易令人接受。因此，没有人能因为确定论证有效且前提为真而接受其结论。

当然，循环也可能是概念上的，取决于所涉及的意义或概念。如：

例 8-10 1. 如果科比·布莱恩特是篮球运动员，那么他打篮球。
　　　　2. 科比·布莱恩特是篮球运动员。
　　　　3. 科比·布莱恩特打篮球。

例 8-11 1. 玛丽安曾经被外星人劫持过。
　　　　2. 外星人存在。

在这两个论证中，根据所涉及的概念，前提都预设了其要支持的结论。对于论证例 8-10，没有一个怀疑科比·布莱恩特是篮球运动员的逻辑思考者会根据论证的前提接受结论。

对于论证例 8-11，没有一个怀疑外星人存在的逻辑思考者会根据论证的前提被说服而接受外星人存在。每个论证都窃取了论点，因此没有说服力。与论证例 8-8 和例 8-9 一样，这两个论证也受到了使其成为谬误的循环的影响。无论是形式上还是概念上，循环都有“度”的问题：太大程度的循环会使得论证犯窃取论题谬误。

良性循环

循环的两种类型如图 8-2 所示。循环并不总会使论证窃取论题。例如：

例 8-12 1. 如果思维是大脑，那么思维是有机物质。
2. 如果思维是有机物质，那么它会随着身体死亡。
3. 如果思维是大脑，那么它会随着身体死亡。

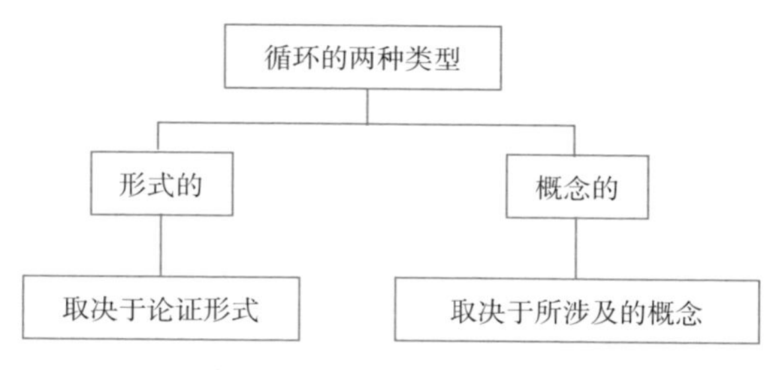

图 8-2 形式循环和概念循环

论证例 8-12 的形式是：

例 8-12a 1. 如果 M，那么 O

2. 如果 O，那么 B

3. 如果 M，那么 B

这种形式的论证有某种程度的形式循环，因为 M 和 B 所代表的命题不只在结论中出现，也在前提中出现。但是，例 8-12 并没有窃取论题，因为确定前提可接受并且论证有效可以提供理由，使得逻辑思考者接受结论。因此，对于任何人来说，只要他接受该论证的前提并且确定该论证中有蕴涵，他就拥有一个强有力的理由来接受该论证的结论。与恶性循环论证不同，根据前提接受例 8-12 的结论是一个认知结果。

让我们来比较几个概念循环论证：

例 8-13 1. 萨尔萨是舞者的音乐。

2. 萨尔萨是给跳舞的人的音乐。

例 8-14 1. 安德鲁是单身汉。

2. 安德鲁未婚。

例 8-15 1. 她画了一个等腰三角形。

2. 她画了一个三角形。

上述三个论证都是有效的：如果它们的前提为真，它们的结论也必定为真。但在一般情况下，它们都窃取了论点，因为对于每一个论证，接受前提要求首先接受结论。没有一个对结论有质疑的逻辑思考者会基于前提及论证有效性而被强迫接受结论。但是，请看下面这个论证：

例 8-16　1. 月球绕地球运行。
2. 月球是一个大型天体。
3. 任何绕某个行星运行的大型天体都是卫星。
4. 月球是卫星。

尽管例 8-16 中的"卫星"和"大型天体"之间有某种概念循环，但是这不会使得该论证窃取论题。对于一个不具备基本天文知识并且一开始质疑断言 4 的逻辑思考者，可能会被推理 1、2、3 说服，接受结论，只要使他知道前提的可接受性以及论证的有效性。

因此，要记住的重点是：

逻辑循环，无论是在形式上还是概念上，都有一个度的问题。有些有效论证比其他有效论证具有更大程度的循环。一个论证的循环程度越大，其结论越不可能从前提推出，越可能窃取论题。

举证责任

"举证责任"这个词经常出现于涉及双方或多方慎思的辩论性的情境中，如争议各方就某个问题具有矛盾断言的辩论、争议或者慎思。举证责任就是争议一方或另一方在慎思的特定阶段轮流提供理由的职责（除了下面讨论的悖论情景）。慎思通常遵循这样的模式：一方，C，做出某个断言。另一方，O，对此提出反对意见。如果反对意见充分，则举证责任在于 C。

他必须通过为断言提供理由来反驳反对意见（或转移举证责任）。如果他提出了一个可靠的或比 O 的论证更有力的论证，则举证责任转移到 O。同样，他必须提供合适的论证来防御自身。

但是，有可能双方的理由都很有力，因此就进入了一个辩论僵局（或慎思僵持）。如果没有新理由提出，就无法继续解决冲突。但除了僵局，我们设定在慎思的任何一个阶段，举证责任或者在一方，或者在另一方。随着慎思的进行，举证责任有可能进行多次转移，但总是在更需要防御其断言的一方。

专栏 8-2

举证责任从何而来

在下面的辩论中，⊗ 表示某一方有举证责任，⊙ 表示进入僵局。

1. A 拒绝 B 的一个断言，而这个断言是普遍持有的信念。⊗A
2. A 用一个包含争议前提的论证来防御 B 对他的反对。⊗A
3. A 重构了他的论证使得论证看起来有说服力。⊗B
4. B 提供了一个显然无效的论证。⊗B
5. B 修改了自己的论证，使其与 A 的论证一样有说服力。⊙

6. A 提供了新的有力证据来支持自己的观点。⊗ B
7. B 提供了一个较弱的证据来支持自己的观点。⊗ B
8. B 提供了新的与 A 一样有力的证据。⊙

常识信念是基于观察、记忆和推理的普遍信念。它具有免除举证责任的优势。任何质疑普遍信念的人都有举证责任——至少在一开始。例如，“地球已经存在五分钟以上”的信念就是常识。如果有人质疑这一点，那么他就有举证责任。他必须提供反对这个信念的充足理由。不过，如果存在一个有力的论证，那么这个优势可以被它推翻。

了解某个特定阶段的举证责任落在何方具有如下实际作用：

- 如果你知道举证责任在自己，你就知道必须提供一个充足的论证支持自己的断言，从而转移举证责任。
- 如果你知道举证责任在另一方，你就可以等对方对你的观点提出一个可靠的反驳意见。
- 如果你知道你为之而辩护的断言是常识，那么你就知道任何质疑该断言的人都有举证责任。

最后，要注意有些慎思是内在的（例如，当一个人思考两个相反的理论哪个是正确的时候）。在内在慎思的过程中，如果思考者是公正的，那么举证责任应该从他所考虑的立场转移到对立的观点，跟上面列出的普遍规则一样（如图 8-3 所示）。

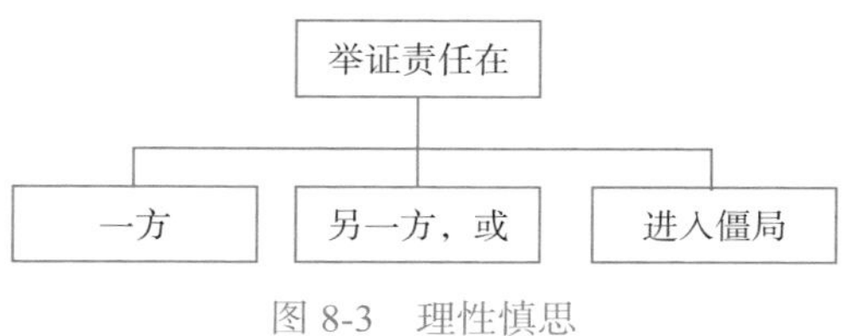

图 8-3 理性慎思

争议前提

削弱论证的一个常见错误就是无法转移举证责任。假设我们断言“非 P”（即 P 是假的），但是有人（假设梅琳达）提供了一个有力的理由，使得我们认为 P 是真的。

现在，举证责任在我们，我们必须提出一个反对 P 的充足论证来转移举证责任。如果做不到（我们假设 P 是假的但没有证明 P 为假的理由），我们的前提就是有争议的。因为我们的隐含推理是下面的恶性循环形式：

例 8-17 1. P 假
――――――
2. P 假

或类似地，

例 8-18 1. 非 P
――――――
2. 非 P

（对你的对手犯）争议前提谬误，在关于冲突议题的日常论证中是常见的。例如，当某人认为：

例 8-19　1. 在堕胎过程中，胎儿被故意杀害了。

2. 胎儿是无辜的人。

3. 故意杀害一个无辜的人永远都是谋杀。

4. 堕胎永远都是谋杀。

尽管 1 看起来是无异议的，但 2 和 3 却是有争议的前提，它们不能用来支持结论，除非已经有充分的理由来支持这些前提。前提 2 是相对于“胎儿不是人”这个观点的争议前提。“胎儿不是人”的观点可以通过很多方式来支持（讨论堕胎人道与否的大多数人都能够认识到这一点）。

争议前提谬误很难识别，因为它涉及前提真值的预设。这些前提尽管有冲突，但我们有时候会无意识地认为理应如此。要避免这种谬误，就谨记专栏 8-3 中的规则。

专栏 8-3

如何避免争议前提谬误

不要让前提包含任何冲突的语句，除非你能提供充分的理由。

专栏 8-4

本节小结

（1）当一个论证窃取论题时，至少有一个前提预设了其想要支持的结论。

（2）当一个论证有争议前提时，至少有一个前提假设了某个需要支持的事物。

复杂问语

一种预设谬误就是复杂问语谬误。这种谬误模式询问了一个只能用“是或否”来回答的问题，但是问题本身假设了下列情况中的一种：

（1）只提出一个问题，但事实上有两个或多个问题，而每个问题都有自己的答案；

（2）某个断言为真，但事实上它要么是假的，要么至少是有疑问的。

每当论证犯了这种谬误时，需要回答的问题是不公正的，因为它以上述情况中的一种方式隐含了一个未经证明的假设。对于情况 1，请看下面一个关于总统候选人的问题：

例 8-20　如果您当选，是否会继续贵党的优良传统，进一步把钱浪费在那些只会助长懒惰的福利计划上？

显然，这里有两个问题，而不是一个。候选人可能确实想发扬他所在党的优良传统，但并不打算进一步“把钱浪费在那些只会助长懒惰的福利计划上”。但是，提问者要求对整个提问进行“是或否”的回答，而不允许回答者分割问题。

情况 2 是一个对回答者的隐含批评的例子。经典的情况就是有人问另一个人：

例 8-21　你现在已经不打你老婆了吗？

无论回答“是”或者“否”，都不是一个好回答，因为这个问题已经使得回答者陷入打老婆的预设中。这样的问题是不公正的，因为回答者无论怎么回答都是错。（但是要注意，问题的内容确实会影响结果。如果一个人是众人皆知的打老婆的人，那么对他问出例 8-21 这样的问题就不是谬误。）再看另一个例子：泰勒是一个玩朋克摇滚乐团的高中生。他身上有多处穿刺和文身，但从没有吸食任何毒品。一天晚上，他约达莉亚去看电影。但是，当他去接她时，遇见了她的父亲。她父亲对他有疑心，并且说：

例 8-22　在你把我女儿带去看电影之前，我必须问你一个问题：你是否试图向我隐瞒你的吸毒史？

现在，正确答案是什么呢？当然，泰勒不会回答“是”。但是如果他回答“否”，那么也等于承认了他有吸毒史（事实上他并没有）。无论哪种答案都会使他陷入困境。但是要注意，这只是因为问题本身是不公正的。它假设了没有任何支持的证据（这个年轻男孩曾经吸过毒）。

并不难看出这里的错误。但是，作为一个论证会怎样呢？首先，上述问题问泰勒是否试图隐瞒他的吸毒史。如果是，那么他有吸毒史。如果否，那么他也有吸毒史。假设他要么回答是，要么回答否。那么，可以推出他有吸毒史。但是，这些前提有一个问题，即它们依赖于一个假的假设。也就是说，“回答者（泰勒）有吸毒史”这个假设是假的。

但是，不是所有犯了复杂问语谬误的论证都是故意给他人设套的。有些只是因为问题的组织，使得回答者的任何回答都必定会认同问题本身隐含的未受支持的假设。设想一名政治家在一场演讲中问道：

例 8-23 我的对手是否同意总统实施的、正令我们国家走向灭亡的灾难性的经济政策？

因为这个问题假设了总统的经济政策是“灾难性的”，并且“正令我们的国家走向灭亡”，所以任何对例 8-23 做肯定回答或者否定回答的人，都等于默认了这些观点！同样，这位政治家也犯了复杂问语谬误。对于一个复杂问语，似乎任何回答都是错误的。但是，这只是因为问题本身有错误。问题的语言组织使其假设了某些未受支持的事物。

专栏 8-5

如何避免复杂问语谬误

要注意满足如下条件的任何是 / 否问题，这些问题可能预设了：如果答案为“是”，则推出一个有问题的命题 P（没有任何论证支持这个命题）；如果答案为“否”，同样也推出 P。

虚假选言

虚假选言是一种推理错误，它会影响具有选言前提的论证。一个选言是有两个命题或“选言肢”的复合命题。不相容选言具有如下形式：

例 8-24　要么 *P* 要么 *Q*。（但并非两者都是）

这里的 *P* 和 *Q* 代表了作为两个不相容选言肢的命题，因为如果其中一个为真，则另一个为假，反之亦然。例如：

例 8-25　冬天，土拨鼠要么冬眠，要么继续外出活动。

这是一个不相容选言，因为它预设了只有其中一个选言肢为真。相反，相容选言具有如下形式：

例 8-26　太小或者太熟的苹果都被扔掉了。

它的形式是：

例 8-26a　或者 *P* 或者 *Q*。（或者两者都是）

例 8-26 预设了任何既小又太熟的苹果都被扔掉了。关于这样的选言，要注意的另一点是，它们的选言肢是穷尽的（即它们是所有可能的选择）。例如，例 8-25 预设了冬眠（或停止外出活动）和继续外出活动是土拨鼠入冬后仅有的两种可能情况。

一个论证犯了虚假选言谬误，当且仅当，该论证前提中的选言表达了仅有的两个可能的选言肢，但事实上其他一个或者多个选言肢也同样可能是真的。

当论辩者给出了一个选言前提，而该前提表达了穷尽的、不相容的选言肢时，我们必须判断实际情况是否确实如此。在检验形如例 8-24 的论证的前提时，必须确认 *P* 和 *Q* 是否穷尽了所有选言肢并且不能同时为真。例如，在下面的论证中，可能产生虚假选言谬误：

例 8-27 只有两种可能：美国要么放弃参与外战，要么继续干涉别国事务。如果是前者，那么美国就会变成像瑞士一样的中立国；但如果是后者，那么美国欠中国的债务就会更多。因此，美国要么将变成瑞士一样的中立国，要么会欠中国更多的债务。

尽管这个论证是有效的，但却不是可靠的，因为它的第一个前提是假的。它的前提表达的是穷尽的、不相容的选言肢，而实际上它们只是所有可能选言肢中的两个。下面的论证也有类似的问题：

例 8-28 1. 要么所有美国大学都将项目完全转变成在线课程，要么所有美国大学都将破产。

2. 美国大学不会把他们的项目转变成在线课程。

3. 美国大学都将破产。

这个论证显然也是有效的，但是由于前提 1 的假而成为不可靠的，而这使得论证犯了虚假选言谬误。

再来考虑一个例子。假设一位政治活动家试图说服我们同意他的观点。他诉诸我们的公民义务并且说：

例 8-29　你们必须加入我所在的党派，这是唯一一个可以为无家可归的人提供解决方案的党派。你要么是造成无家可归问题的一员，要么是提供解决方案的一员。

但是，这两个选择似乎都太具有局限性。为什么只有这两个选择？我们可能既不是造成无家可归问题的一员（因为我们确实与此无关），也不是提供解决方案的人（因为我们的参与可能并不能带来任何不同）。或者，我们既是造成该问题的一员，也是（潜在的）提供解决方案的一员（这两者难道不是同样可能的吗）。因此，在这个例子中，这位政治活动家犯了虚假选言谬误。当所有缺少的前提都被陈述出来之后，他的扩展论证是：

例 8-29a
1. 存在无家可归的问题。
2. 你要么是造成问题的一员，要么是提供解决方案的一员。
3. 你不是造成问题的一员。
4. 你肯定是为无家可归问题提供解决方案的一员。
5. 作为提供解决方案的一员，你必须参加我所在的党派。
6. 你必须参加我所在的党派。

假设其他前提都是真的，前提 2 依据的是一个不准确的假设：我们的选择被限制为两个互不相容的选言肢中的一个。也就是说，要么是提供解决方案的一员，要么是造成问题的一员。既然前提 2 为假，这个论证就应该被拒绝，因为它犯了虚假选言谬误。

然而，并不是所有具有穷尽的、不相容的选言肢的论证都会犯这个谬误，因为在有些情况下，确实存在这样的选择。例如，我们可以说，法国居民在 1940 年确实必须在两个互不相容的且穷尽的选言肢中做出选择：要么与希特勒入侵部队扶持的傀儡政府合作，要么以某种方式进行抵制。又如，1961 年的美国南方人确实需要选择是否支持合并学校、教堂和午餐室（一场挑战了种族歧视法律的运动）。但是，大多数的日常情景并不会这么极端。因此，就绝大部分情况而言，最好警惕某人断言一个选择只有两个极端选言肢。（事实可能如此，也可能并非如此。）

专栏 8-6

如何避免虚假选言谬误

在评估一个具有选言前提的论证时，检验前提以判断：

（1）断言所提供的两个极端选言肢是不是仅有的可能选择。

（2）选言肢是否被假设为不相容的。

（3）（1）和（2）事实上是否为假。

> 如果所有的答案都为“是”，则论证就犯了虚假选言谬误。

例外谬误

例外谬误是削弱论证的另一种预设谬误：当某个“例外的”的特征被忽略时，就会犯这类谬误。

当一个论证判定某个情况符合某个普遍规则或原则，但事实上这是一个例外情况时，该论证就犯了例外谬误。

假设某人做了如下推理：

例 8-30　1. 狗是友好的动物。

2. 我的罗特韦尔犬——奥托——是一只狗。

3. 奥托是一只友好的动物。

但是，假设最近奥托咬了我的 6 个朋友和 3 个倒霉的过路人也是真的。那么，我们应该怎么判断上面这个论证呢？尽管一般来说“狗是友好的动物”是真的，但是这个规则对奥托并不适用。因此，例 8-30 犯了例外谬误。在犯了此类谬误的其他论证中，论证者没有注意到某个通常为真的原则可能并不总是真的，因此他没有考虑到这个规则也有例外。

假设有一天史密斯邀请阿德金丝共进午餐。“来吧，我们一起吃午饭，”他说，“我们可以去街角的熟食店，我请你。”

阿德金丝正要接受邀请，但是又想了想："等一等！没有免费午餐这么好的事情！"这个判断源于对例外情况的谬误推理。尽管这里的问题出在对一个常见习语做了太过字面的理解，但更大的错误在于某个通常为真的原则被滥用了。当然，在大多数情况下，"没有免费的午餐"是真的（意即表面上免费的事物通常隐含一些我们必须支付的费用），但是如果史密斯邀请阿德金丝共进午餐，这就是一个例外。通常来说没有免费午餐，但是今天确实有免费午餐。阿德金丝只是太不灵活。

专栏 8-7

如何避免例外谬误

逻辑思考者必须牢记，即使是最佳的原则也有例外，并且如果一个原则被滥用（即滥用于一个成立的例外），就产生了一个例外谬误。

现在，假设琼斯认为人应该讲真话。一般来说，这当然是一个我们可以遵守的好规则。有一天，琼斯在超市里碰到了他的邻居。邻居说："你觉得我的新帽子怎么样？"琼斯看着帽子，心里想："总是说真话，不管什么情况。"因此他说："我觉得这顶帽子看起来很滑稽。"这话伤害了邻居的感受，并且给世界增加了一点点不快乐。我们能否说琼斯不应该太热衷于说真话吗？不能，一个人应该常说真话。但是，这仅仅是一个例外情况，他需要更圆滑！任何这么做的人都不应该被认为是不公正的或错误的，并且会由此产生一定程度的幸福。没有意识到这一点，琼斯犯了例外谬误。他没有认识到，尽管说真话的规则通常来说是好的，但也存在一些情有可原的例外。他没有考虑到这里有一个有理由成立的例外。

第 9 章
CHAPTER9

从不清晰语言到不清晰推理

不清晰语言与论证失败

模糊性、歧义性和含糊谓词是不清晰语言的三种不同的根源。每一种都可能导致论证失败，并且我们将会发现由这些缺陷导致的几种非形式谬误，以及一种令人困惑的论证。当一个表达式的模糊性达到显著程度时，它是否可以应用于确定的事物，我们是不清楚的。例如，“富有”是否可以应用于银行账户里有 900 000 美元的贝蒂，这并没有明确答案。她当然做得很好，但她却不是一个百万富翁，更不用说亿万富翁了！问题在于“富有”是一个模糊词：对于有些情况，什么（或者谁）算作“富有”是不清楚的。相比之下，当一个表达式的歧义达到显著程度的时候，它就有不止一个意义与指称，而哪一个是其使用者所意味的就不清楚了。例如，“挑战性的论证”是意味着**质疑某些论证的行为**，还是意味着

难以理解的复杂论证，这并不清楚。大体上，一个表达的指称是该表达所适用的对象，而其意义是它的内容。考虑：

例 9-1 一加一的和。

例 9-2 最小的偶数。

例 9-1 和例 9-2 可以被用来指称同一个数，因为它们都适用于同一个数——2。然而例 9-1 和例 9-2 却有不同的内容，也就是说它们的意义不同，这是因为：

意义 = 内容

因为指称和意义属于语言的语义学维度，所以模糊性和歧义性是语义不清晰性的两种不同形式，都会通过影响组成论证的前提与结论的一些项或者概念而削弱该论证。

此外，含糊谓词也是语义不清晰性的一种形式，但它只能在一个论证中的陈述之间的关系的层面产生。也就是说，含糊谓词谬误是在使用某个谓词或表达式表达某事物的特征或性质时产生的，例如下面这个论证的结论中的“占地球表面的 60%”：

例 9-3 因为海洋占地球表面的 60%，而地中海是一个海洋，所以地中海占地球表面的 60%。

对于所有海洋组成的整体而言，“占地球表面的 60%”的表述可能为真，而对于地中海来说就显然为假了。例 9-3 中的混淆是一种常见的错误类型，这种错误源自一种涉及一个谓词（本章稍后会详细探讨谓词）的错误推理。

上述任意一种现象（含糊谓词、模糊性和歧义性）造成的语言不清晰性，都会使一个论证出错（见图 9-1）。然而在我们考察这种谬误发生的一般方式之前，我们必须要问：为什么这样的错误对于逻辑思维来说是重要的。

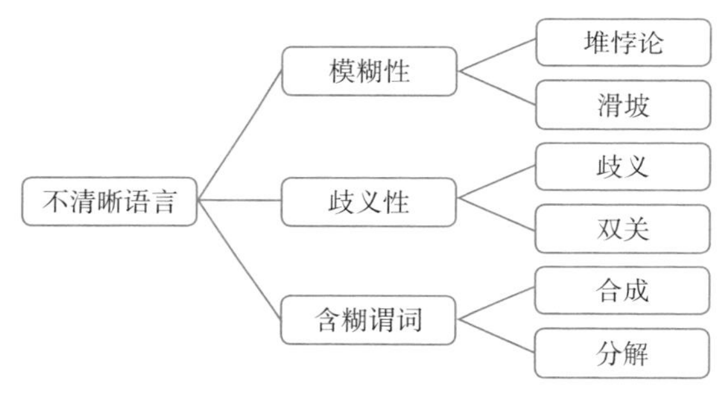

图 9-1 一些不清晰语言谬误和一个悖论

希腊哲学家们在两千多年前就指出，语言不清晰性是推理不清晰性的一个标志。今天我们也持几乎同样的观点。假设说话者是诚实的，他们所说的就是他们所相信的。并且因为信念是他们推理的基础构件，所以他们所说的话中的任何不清晰性，都很可能是源自推理过程中的不清晰性（更多关于该主题的讨论可参见第 2 章和第 3 章）。

语义不清晰性

模糊性和歧义性是两类语义不清晰性，它们可能影响不同类型的语言表达以及它们之间的逻辑关系。当一个表达模糊的时候，我们就不清楚某些情况是否在它的指称范围之内。当一个表达有歧义时，我们就不清楚它的可能意义中哪一个是说话者的意思。假设某人说：

例 9-4 她拿起那个杯子。

而且，这句话是在一个有很多女性的屋子里说出的，但并没有特指哪一位。在该语境中，“她”这个词被应用于谁是不清晰的。同时，“杯子”这个词是有歧义的，因为它可以意味并指称“碗形的饮用器皿”，也可以意味并指称“运动会奖品”。另外，如果我们假设它被用来指称一个饮用器皿，那么它的适用范围是不清晰的。例如，它适用于大咖啡杯吗？大啤酒杯适用吗？这些似乎是关于“杯子”这个词的既非绝对适用又非绝对不适用的临界情况。因此，“杯子”不但是歧义的，而且具有某种程度的模糊性。

专栏 9-1

模糊性与歧义性

- 当一个表达模糊的时候，该表达是否适用的临界情况是不清晰的。
- 当一个表达歧义的时候，它有多个意义，并且有时候有多个指称。

然而，模糊性和歧义性也建立在构成论证的陈述间的一个较高的层次上。最坏的情况是：这两种不清晰性中的任何一种都会使得一个论证容易被误导。在任意这样的论证中，尽管其结论一开始似乎是基于该论证的前提而可接受，但仔细思考后发现其实不然。前提实际上并没有对它提供支持。

逻辑思考者应该警惕误导性的论证，并且尽量通过仔细地逐项审查而揭示隐藏在模糊或者歧义语言背后的谬误。

这两种类型的语义不清晰性是很多日常论证不可避免的特征。这样的论证毕竟是用自然语言来表述的，而自然语言不同于形式语言，有着丰富的语义内涵。例如，假设在一次考试的日子里，一位大学讲师在电话应答机里收到这样一条电话信息：

例 9-5 我是玛丽，考试那天我在银行 / 河边（bank），因此我想补考。

在无法辨别留言者的声音，并且知道附近有几家金融机构以及一条河的情况下，这位大学讲师就不能理解例 9-5。一方面，在几个错过考试并且名字都叫“玛丽”的人中，谁是例 9-5 中的留言者，讲师是不清楚的。另外，在例 9-5 中“银行 / 河边”两个可能的意义中，即或者“金融机构”或者“河边”，打电话者的意图是哪个也是不清晰的。假设留下信息的这个学生后来从当地的花旗银行送来一张便条，证明在考试的那天，她——玛丽·麦克唐纳——不得不去那里为她的抵押债务再次提供经费。将所有信息加在一起，该大学讲师推理如下：

例 9-6　玛丽·麦克唐纳是报告缺席的那个学生，她能够证明考试那天她在当地的花旗银行分行，因此她具备补考的条件。

现在就没有歧义了：对语境信息的考察已经消除了上述例 9-5 中的语义不清晰性。

然而有时候，即使对某一论证进行了宽容并且忠实的重构，但还是不能消除与演绎可靠性或归纳可信度相关的语义不清晰性。在这种情况下，我们必须因为其前提没有对结论提供支持而反驳该论证，尽管前提也许看上去支持结论。正如我们将要看到的，语义不清晰性中的每一种类型都会使一个论证犯错误。

专栏 9-2

如何避免歧义性和模糊性

歧义性和模糊性是一个程度的问题。尽管自然语言中的多数表达式都具有这两种性质（这可以部分地解释符号逻辑学家为什么要创制人工语言去研究推理关系），但是它们产生的迷雾可以通过考察语境，即考察其他语言表达式以及论证提出者的自身因素来消除。当重构论证时，宽容和忠实性原则要求我们在条件允许的前提下考察语境以获得语义清晰性。

模糊性

模糊性是哲学上一些有趣的疑难论证以及许多谬误的根源。在本节稍后的部分我们将考察一些这样的例子。但首先让我们考察受模糊性影响的论证通常具有的一个缺点：不确定性。

当一个论证的前提或者结论具有显著的模糊性时，该陈述就是不确定的：既不确定为真，又不确定为假。这样的不确定性从整体上削弱了该论证。

这是因为，正如你可以回忆起来的，为了演绎上可靠或者归纳上有力，一个论证必须有确定为真的前提。否则，它既不是演绎上可靠的，也不是归纳上有力的。考虑如下论证：

例 9-7 1. 芝加哥的高层建筑有遭受恐怖袭击的危险。

2. 芝加哥 30 层的 Nussbaum 大厦是一座高层建筑。

---

3. 芝加哥 30 层的 Nussbaum 大厦有遭受恐怖袭击的危险。

该论证似乎是有效的，因为如果它的前提为真，那么它的结论不可能为假。同时，它似乎也是不可靠的，因为可靠性要求确定为真的前提，而前提 2 的模糊性十分显著：不考虑高的相对性问题，尽管一座 100 层的建筑显然是高的（即使根据芝加哥标准），并且一座 2 层的建筑显然不是高的，但一座 30 层的建筑在芝加哥是不是高的却是不清晰的。没有语境信息可以降低前提 2 的模糊性，这源于专栏 9-3 描述的两个事实。问题在于，芝加哥的高层建筑和低层建筑之间没有确定标准或者分界点。

专栏 9-3

例 9-7 错在哪里

（1）它用了表达式“高的”，而“高的”在其确定可适用的情况和确定不可适用的情况之间没有清晰的分界点。

（2）30 层的 Nussbaum 大厦处于临界情况。它既不是确定的高，也不是确定的不高。

当陈述有一个适用于某个临界情况的模糊语词时，该陈述既不确定为真也不确定为假。你自己动手试一试：给出另一组语句，例如与“冷的”相关，从一个确定为真的陈述“0 华氏度的温度是冷的”开始，持续到你“不能划定最后界限”的一点。47 华氏度是冷的吗？ 48 华氏度是冷的吗？ 50 华氏度呢？同样地，这一系列情况中的分界点无疑是任意的。

然而记住，模糊项的出现也可以是不模糊的。比较以下几个例子：

例 9-8 30 层的 Nussbaum 大厦是高的。

例 9-9 100 层的 John Hancock 大厦是高的。

例 9-10 1 层的 10 号线 Exxon 站是高的。

尽管例 9-8 是不确定的，但例 9-9 似乎确定为真，而例 9-10 似乎确定为假。

专栏 9-4

对模糊性的总结

- 当一个项模糊的时候：

（1）它是否适用于某些不确定的临界情况。

（2）在它确定可适用的情况和确定不可适用的情况之间没有分界点。

- 当一个陈述模糊的时候，它既不确定地为真，也不确定地为假。

堆悖论

正如发现堆悖论的古希腊哲学家所遇到的迷惑一样，我们今天也被该悖论迷惑。堆悖论也称“来自堆的论证”或者“连锁”（sorites 来自希腊语 *soros*，是“一堆”的意思）。该论证开始于明显为真的前提，但因为它们包含一个模糊项，所以结束于一个明显为假的结论，如例 9-11。

例 9-11 1. 1 粒沙子不是一个堆。

2. 如果 1 粒沙子不是一个堆，那么 2 粒沙子不是一个堆。

3. 如果 2 粒沙子不是一个堆，那么 3 粒沙子不是一个堆。

4. 如果 3 粒沙子不是一个堆，那么 4 粒沙子不是一个堆。

5. 如果 4 粒沙子不是一个堆，那么……

---

6. 很多粒沙子（比方说一百万粒）不是一个堆。

考虑例 9-11，无论多少粒沙子，它们都不构成一个堆。例 9-11 有错误，但因为很难说出错在哪里，所以例 9-11 是一个难题或者悖论。情况似乎是这样的：

A. 该论证是有效的。

B. 它的前提为真。

C. 它的结论为假。

D. 但一个有效的论证不可能有一个真前提和一个假结论。

因此，与其他堆论证一样，例 9-11 产生了一个悖论，因为由“有效论证”的定义得出 D 为真。所以 A、B 和 C 不可能都为真，但很难分辨它们中哪个为假。

一个悖论是一个没有明显解决方案的难题，它包含不可能全部同时为真的断言，尽管每一个都独立地为真。一般地，一个悖论可以通过以下两种方式中的任意一种得到处理：它可以被解决，或者它可以被消除。为了解决一个悖论，必须表明它的断言中至少有一个为假。为了消除一个悖论，必须表明这些断言不是真正的不相容。

如果我们不能用其中一种或另一种方式进行处理，那么悖论仍然存在。自古以来，堆悖论已经抵抗住了许多这样的尝试，这些尝试都有这样那样的缺点。

现在让我们用另一个模糊词“孩子”来构造一个简单化的堆悖论，如例 9-12。

例 9-12 1. 一个 3 岁的人是一个孩子。

2. 如果一个 3 岁的人是一个孩子，那么一个 4 岁的人是一个孩子。

3. 如果一个 4 岁的人是一个孩子，那么……

4. 一个 90 岁的人是一个孩子。

同样，该论证看上去是有效的，它的前提为真，而它的结论为假。前提 2 隐含了一个如下形式的前提链：

例 9-13 如果一个 4 岁的人是一个孩子，那么一个 5 岁的人是一个孩子。

例 9-14 如果一个 5 岁的人是一个孩子，那么一个 6 岁的人是一个孩子。

这组语句最终达到“孩子”这个项既非确切可适用，也非确切不可适用的临界情况，例如 14 岁或者 15 岁。在这些情况与前面该词确切可适用的情况之间没有分界点。或者在这些情况与后面该词确切不可适用的情况之间没有分界点：

例 9-15　一个 110 岁的人不是一个孩子。

因此，影响例 9-12 的不清晰性，归根结底在于“孩子”这个词的模糊性。

关于堆论证中的错误还需要更详细的介绍，但因为它令人费解，因此它具有悖论的全部特征。

上述论证属于堆悖论，因为它们有“堆”和“孩子”这些受模糊性影响的词项。

滑坡谬误

与堆悖论相比，我们能够辨别出犯了此类谬误的论证错在哪里，如下所示。

一个滑坡论证从一个无害的情况出发，前进到一个或多个表面上相同的情况，但这些情况却产生了不受欢迎的结果：或者违反被广泛接受的规则，或者导致灾难。该论

证犯了一个谬误，如果没有好的理由认为：

（1）被谈论的情况与该论证中假设的方式是类似的。

（2）所想象的事件链将如该论证中所假设的那样如实发生。

因此，犯了这种谬误的论证开始于一个看上去明显为真的前提，并且通过一系列连续统一的情况前进到一个可靠推理所不可避免的结论。然而仔细考察后，我们会发现它是不可靠的。想象下面两个相反的论证，它关于市议会辩论是否颁布法律要求手枪注册。

例 9-16 议员罗宾逊论证说：“如果我们通过一项要求手枪注册的法律，无疑会导致要求包括狩猎武器在内的所有枪支都注册的其他法律颁布。这就意味着政府会拥有一张枪械持有者的清单。而如果政府有这样一个清单，那么就必定会没收所有武器。由此就迈出了通往独裁与终结自由的一小步。”

例 9-16a 议员理查德森反驳说：“如果我们不通过一项要求手枪注册的法律，那么人们将越来越容易得到手枪。而这会使得各种罪犯和精神病人都可以选用危险的手枪，包括军用武器。这样一来，犯罪率将以几何指数增长，并且我们的城市将会变成无法无天的战场。最后，所有的社会秩序都被打破了。随着我们的国家陷入无政府状态，武装暴徒将肆意践踏公民权利。”

在该辩论中需要注意的是，这两个论证都犯了滑坡谬误。它们分别从应该通过该项法律（罗宾逊）和不应该通过该项法律（理查德森）的初始步骤出发，然后预测了一系列更糟糕的情况，这些情况最终导致了灾难的发生。但是，我们确实有可靠的理由认为，这两个截然不同的论证所预见的不可避免的悲剧性结局确实都会发生吗？当然，这样的事情有可能发生。但是基于此处所给出的“原因”，我们没有理由相信任何一方。这两个议员给出的都只不过是制造恐慌并且天花乱坠的推测性论证。他们显然都犯了滑坡谬误。

在滑坡论证的另一种变体中，一个论证的错误可能是因为没有好的理由认为前提之间确实具有某种假设的相似性。假设你参加一个婚礼迟到了 5 分钟，并且认为没什么大不了。根据传统规则，参加婚礼迟到 60 分钟是严重违反礼节的，因而是不可接受的。有人认为你迟到 5 分钟是不可接受的。因为允许迟到 5 分钟与允许迟到 60 分钟没有太大的区别，而这事实上却背离了传统规则。这个滑坡谬误的具体分析如下：

例 9-17　支持婚礼迟到 5 分钟的理由将支持迟到 6 分钟、7 分钟，等等，甚至迟到 60 分钟！因此，接受迟到 5 分钟的理由实际上违背了一条重要的社会惯例。

显然，这里使用了一种类比推理，因为一致性要求我们以相同的方式处理类似的情况，即可以推出上文所列举的所有情况都违反了一项重要的社会习俗（迟到 6 分钟与迟到 7 分钟没有太大的区别，而迟到 7 分钟与迟到 8 分钟也没有太大的区别，等等)。但这里的背景假设似乎是：一系列微小的差异并不能使得该系列中的任何两点之间具有实质性差异。而这显然是错误的。有时候微小的差异加起来最终会达到一个巨大的差异。另外，即使比较两个相似的情况，某些谓词可能在其中一个情况下为真，而在另一个情况下为假。例如，有些高速公路限速每小时 70 英里。现在每小时 70 英里的速度与每小时 71 英里的速度没有太大的区别，但根据限速规定，以每小时 70 英里的速度行驶在这些公路上是合法的，但每小时 71 英里严格来说是违法的。因此，"合法的"这个谓词在一种情况下为真，而在另一种情况下为假，尽管这两种情况没有本质的不同。由此我们可以总结出，犯了滑坡谬误的任意论证都基于这样一条错误的规则：对 A 为真的对 Z 也为真，只要在 A 和 Z 之间有一系列情况 B、C……Y，而它们彼此之间只有微小的差别。

专栏 9-5

如何避免滑坡谬误

拒绝会引发滑坡论证的规则，因为在某个给定情况下为真并不保证在另一个非常相似的情况下也为真。尽管相似的情况合用许多谓词是合理的，但是**一系列**情况的微小区别加起来能够使得初始情况与滑坡论证的结论之间具有巨大的差异。

歧义性

必须区分模糊性（vagueness）与歧义性（ambiguity）。正如我们已经看到的，如果词或短语的指称是不能确定的，那么这个词或短语是模糊的，因此我们不清楚它是否适用于某个确定的情况。但歧义性是语义不清晰性的另一种形式，它也很容易破坏论证，因此同样会导致错误。如果一个词有多个意思，并且我们并不清楚在某个给定的语境中它是哪个意思，那么这个词有歧义。

当一个歧义词出现在一个论证的前提中时，该论证的结论是否得到了支持可能是不确定的。

考虑如下论证：

例 9-18　娱乐电视节目经常播出关于星（star）的新闻。因此，可能很多天文学者都看娱乐电视节目。

这里前提中出现的“星”（star）是一个歧义词，因此它没有为该论证的结论提供支持。为了使该论证成立，我们需要知道“星”（star）所意指的是“看起来很小的固定发光的天体”还是“著名的演艺人员”。如果是前者，并且假设我们知道是前者，则该前提就为结论提供了一个理由，只要该前提为真。但如果是后者，那么该前提无法为结论提供理由（因为在这种情况下前提与结论是完全不相关的）。而在例

9-18 中，“星”是有歧义的，并且依据语境也不能明确是哪一种含义，所以该论证不支持它的结论。现在我们来详细地分析论证由于包含歧义性表达而犯了谬误的一些错误推理类型。

歧义

歧义谬误总是源于一个论证的前提或结论中模棱两可的表达，不管是词还是短语。

> 在一个论证过程中，如果某个重要表达式被用作多个含义，歧义就产生了（例如在一个地方表达式被用作一个意思，而在另一个地方被用作另一个意思）。并且**论证似乎只有在人们没有注意到**这种含义转变的情况下才支持其结论。

例如，假设某人论证说：

例 9-19 1. 所有“法”都需要一个立法者。
2. 伽利略惯性规则是一条“法”。
———————————
3. 伽利略规则需要一个立法者。

这里“法”有两个不同的意思，并且被混用了。在第一个前提中，它的意思是“法规”——一个由立法机关或其他权威机构颁布的编成法典的公共规则。而在第二个前提中，它的意思是“基于观察到的自然规律的科学概括”。因为在推理过程中，“法”被用作两个不同的意思，所以这个论证是一个歧义谬误的例子。该论证本身的前提没有为结论提供恰当的支持，因此是失败的。另外一个论证也有同样的问题：

例 9-20　“我看到了阿达跑马场的广告。上面写着，‘阿达，如果你想外出过得愉快，那么你不能赌输 / 沉迷（lose）’。但我恰好在那里输掉了（lose）600 美元！我的马最后一个跑进来。因此他们的广告有欺骗性。”

这里的“lose”存在歧义。以“因此”为标志的结论只有在我们将其解读为“你不可能赌输”时才能得出，但它实际上意指“你不能沉迷其中”。这里不存在欺骗性的广告！最后考虑如下例子：

例 9-21　车库的指示牌写着“只为预先定位的顾客保留（Reserved Customers Only）”，因此我猜这意味着我那经常说笑话并且模仿农场动物的舅舅埃文鲁德将是不受欢迎的。

如果“reserved”被当作“言行举止得体”，那么他当然不适用于舅舅埃文鲁德。但车库管理人员认为的“reserved customers”，显然并不一定是安静的并且严肃的，而只需要事先预定过停车位。

要提防导致歧义性的表达式。这样的表达式可能在同一个论证中因不同位置而具有不同的意义，如例 9-19 和例 9-20；也可能在同一位置，但具有两个或多个意义，如例 9-18 和例 9-21。任何一种歧义形式都会使得我们不清楚论证的结论是否从其前提推出。为了找到（并且避免）歧义谬误，可以根据如下规则：

专栏 9-6

如何避免歧义谬误

评估论证时，仔细检查该论证以保证其关键表达：

（1）没有模棱两可的意义。

（2）在论证中的每一次出现都有相同的意义。

双关

另一种源于歧义的错误论证是双关谬误。

双关语句的复杂结构——词序的混乱——使其变得不清晰，因而导致得出错误的结论。

我们说结论是“错误的”，是因为结论不是明显从某个双关前提推出或者根本不是从该前提推出的。为了考察刚才说的这种谬误，考虑如下这个来自喜剧小品的笑话：

例 9-22 病人：医生，医生！我的胳膊在两个地方痛！我该怎么办呢？

医生：不要去那两个地方。

当我们看到或者听到类似的歧义语句（混乱的词序使得

句子有两种解读）时，我们会发笑。当然，这个句子本身并不是一个论证，但如果它的歧义性使得“医生”从中得出一个错误的结论，那么该对话就包含一个隐含的论证。那么，这个论证是如何犯了歧义谬误的呢？显然，由于词序所致的歧义而产生了错误。该论证具体如下：

例 9-23 1. 你的胳膊在两个地方痛。
2. 疼痛要被避免。
3. 你不应该去那些你胳膊痛的地方。

假设前提 2 为真，即便如此，因为前提 1 是歧义的，所以例 9-23 不支持陈述 3。对于那些想警惕这种谬误的人来说，幸好有一个明显的特征可以帮助他们识别出谬误：在所有双关语句中，歧义性可以通过重塑该语句而得到消除。例如在例 9-22 中，如果重构如下，那么病人的抱怨就不是双关的了：

例 9-24 在我的胳膊上有两处疼痛的地方。

尽管并非所有双关都是幽默的，但让我们发笑的双关有很多都是这类谬误。下面还有另外一个例子：

例 9-25 美国大通曼哈顿银行曾经推出一条广告，“今天就来咨询大通小型企业顾问”（Talk to one of Chase’s small business advisers today）。“因此”，一个潜在客户可能会想，“大通的企业顾问平均身高是多少呢？”

这个论证的结论（由“因此”所标记）是一个问句。但它实际上是对该广告的一个讽刺，更直白的解释就是“大通银行从事商业贷款的员工都很矮”！产生这种沟通不良的语义混淆在于双关短语“small business advisers”，是小型企业？还是矮个的顾问？让我们再来看一个来自著名经典文学专家摩西·哈达斯的例子。一位作者把自己的书寄给哈达斯，希望得到他的赞赏，却收到了哈达斯尖刻的回复：

例 9-26 我已经读了你的书，并且非常喜欢它。（I have read your book and much like it）

如果这位作者从回复中得出结论“哈达斯喜欢我的书”，那么他就太草率了，因为我们并不清楚这是不是哈达斯的意思。例 9-26 是模棱两可的，因为它的语法：在这句话中，“like”或者是一个表达哈达斯赞赏该书的动词，或者是“it”的一个修饰语。如果是后者，这句话的含义就是“我已经读了你的书，以及很多类似的书”（即“这项工作缺乏创意”）。

我们从所有这些例子中得到的启示是：必须警惕有双重意思的语言。为了发现（并且避免）双关谬误，我们要按照专栏 9-7 的要求检查一个论证的前提。如果你发现前提有歧义——无论是混乱的语法和词序、过度简洁或者仅仅是措辞大意所导致的，只要有可能，都应该重塑该前提以消除歧义。重塑前提时，务必遵守论证重构的宽容性和忠实性原则。

专栏 9-7

如何避免双关谬误

评估论证时，要警惕前提中模棱两可的词序，因为它会使得人们不确定前提事实上是否支持该论证的结论。

含糊谓词

现在我们转向两种由谓词含糊性导致的非形式谬误。首先解释术语。“谓词”的确切含义是什么呢？考虑如下例子：

例 9-27　惠特尼山是高的。

专栏 9-8

什么是谓词

一个陈述的最小意素是词项或者概念，分为两类：用来谈论个体事物的单指词项，和用来把性质或者品质归于某个事物的泛指词项，例如高的、假设的或者哲学家。泛指词项可以做逻辑意义上的谓词。在许多情况下，指派一个谓词就是描述某事。

在例 9-27 的两个词项“高的”和“惠特尼山”当中，无疑只有前者是谓词——它把“高的”这个属性归于惠特尼山。谓词通常被用来描述个体本质处于某种特定性状。它们也可以被用来将属性归于复杂实体，如类、集合以及整体。这些实体可以包括一类事物（例如，黄颜色的汽车）、一个集合体（例如，克利夫兰管弦乐团）或者由部分组成的一个整体（例如，一台计算机）。类和集合体由成员组成，而整体由部分组成。谓词被用来把属性或者关系归于个体事物或者人，以及此类复杂实体。考虑如下：

例 9-28　黄颜色的汽车是流行的。

例 9-29　克利夫兰管弦乐团是第一流的。

例 9-30　我的新计算机设计得很好。

在这里，**“流行的”“第一流的”**以及**“设计得很好”**都是谓词所赋予的属性。当然，谓词被这样用来描述单个事物或者类、集合体以及整体是没错的。没有这样的描述词，我们不可能对事物进行描述。

但当论证者没有注意到以下两种情况时，谓词的含糊就可能会导致推理的缺陷：

（1）前提中适用于一个整体、一类事物或者一个集合体的某些属性，并不适用于结论中整体的每个部分或者类和集合体的每一个个体成员。

（2）反之亦然，前提中适用于一个整体的某个部分，一个类或一个集合体的某个个体成员的某些属性，并不适用于结论中的该整体、类或者集合体。

某个个体事物还是某类事物（集合体或整体）具有某个

属性，对推理过程中的明确性至关重要。如果忽视了这个区别，论证就可能错误地将前提中某类事物的某个属性归于结论中该类事物的一个成员，正如论证例 9-3 所示：

例 9-3　因为海洋占地球表面的 60%，而地中海是一个海洋，所以地中海占地球表面的 60%。

现在我们来仔细分析含糊谓词的两种非形式谬误，分别称作**合成谬误**与**分解谬误**。

合成谬误

含糊谓词导致了“合成”的非形式谬误。

合成谬误错误地认为，因为某个整体的每个部分，或者一个类或集合的每个成员具有某个属性，所以该整体、类或者集合自身也具有那个同样的属性。

例如：

例 9-31　1. 芝加哥俱乐部的每名球员都是优秀球员。
　　　　2. 芝加哥俱乐部是一支优秀的球队。

例 9-31 的前提很可能为真（在棒球界，一个人必须非常优秀才能加入大的俱乐部）。然而，即使该俱乐部的每名球员都是优秀的，这也并不支持该队作为一个集合体是优秀的这一断言。因为一支优秀的球队不仅仅是所有优秀运动员的集合。球队是作为一个相互协作的整体而良性运行的。因此，论证例 9-31 是错误的，即使前提与结论都为真。为什么呢？因为它忽视了专栏 9-9 中的重要区别，从而犯了合成谬误。

专栏 9-9

如何避免合成谬误

（1）断定一个团队、班级等群体的每个个体成员的某个属性是一码事，而断定该群体自身的一个属性则是另一码事。在一种情况下为真，可能在另一种情况下就不为真了。

（2）如果一个论证因为某个整体的每个部分都分别具有某个属性，而得出结论说该整体自身具有那个属性，那么它就犯了合成谬误，并且应该被拒斥。

同样地，考虑：

例 9-32 1. 一台计算机的每个部分消耗很少能量。

2. 一台计算机消耗很少能量。

论证例 9-32 缺乏演绎有效性，或者甚至缺乏归纳强度。一台研究实验室的超级计算机将会使它的前提为真而结论为假。同样地，这个问题的根源在于认为既然整体的每个部分都分别具有一个属性（即消耗很少能量），因此所有这些部分所组成的整体也必定具有该属性。再看一个类似的论证：

例 9-33 广告："戈贝尔环球航空公司的飞机是维护得最好的。我们有 500 多架最先进的喷气式飞机，并且每架飞机都由专业人员操作。因此，我们的航空公司是专业的。”

断定飞机“由专业人员操作”的性质是一码事，断定该航空公司有相同的性质是另一码事。因此，并不能仅仅因为戈贝尔环球航空公司的每架飞机都“由专业人员操作”，而得出该公司“是专业的”。论证例 9-33 犯了合成谬误。

记住专栏 9-9 当中的建议。

分解谬误

含糊谓词导致的另一种谬误是分解谬误。

> 分解谬误错误地认为，因为整体具有某个属性，所以组成它的每个部分或者成员都有相同的属性。

与合成谬误不同，分解谬误是指以整体具有某种属性为论据，论证其组成部分也具有该属性的谬误。假设某人论证说：

例 9-34　1. 美国国会代表美国的每个州。
　　　　　2. 每个美国国会成员代表美国的每个州。

这里的前提无疑为真，但结论显然为假。错在忽视了一条简单的规则：群体具有某一属性，并不能推出组成该群体的部分也具有相同的属性。在例 9-34 中，某人作为代表美国每个州的团体中一名成员的前提，被用来支持该人独自代表美国该州的结论。例 9-34 的前提当然无法支持其结论。对国会为真的可能恰好对国会的每个成员不为真。因此，该论证犯了分解谬误。

当我们关注华盛顿某个问题时，会看到另一个犯分解谬误的例子：

例 9-35 1. 华盛顿的出租车是数不清的。
2. 华盛顿的每辆出租车是数不清的。

例 9-35 从前提中某个谓词对一类事物（华盛顿的出租车）为真，推出该谓词对结论中的每一辆单独的华盛顿出租车都为真。因此这是一个分解谬误的例子。只有事物的类（合起来）才可能是数不清的，单个事物不可能是数不清的，因此例 9-35 的结论完全是荒谬的！正如我们已经看到的，某个集合实体具有某个属性的事实，并没有为“该属性可以肯定地被归于该实体的任意部分”这一结论提供充足的理由。让我们再来看一个论证：

例 9-36 年度全国拼字比赛近来变得受欢迎了，这在一定程度上是因为获得奥斯卡提名的纪录片《拼字比赛》。因此，获得拼字比赛冠军的 14 岁俄亥俄州女孩近来变得受欢迎了。

同样地，问题在于一个复杂整体的某个属性被错误地归到该复杂整体的各个部分。这里的“复杂整体”是全国拼字比赛，而“部分”则是现任比赛冠军——来自俄亥俄州的女孩。所涉及的属性是“近来变得受欢迎了”。从拼写比赛近来变得受欢迎的事实并不能得出这个女孩近来也变得受欢迎了。这个论证也犯了分解谬误。

因此，逻辑思考者应该提防由谓词的含糊引起的非形式谬误，并且应该能够区分分解谬误和合成谬误这两种不同的含糊形式。为了发现并且避免这些谬误，我们要遵守专栏 9-10 和专栏 9-11 中的规则。

专栏 9-10

如何避免分解谬误

评估论证时，需要考察一个整体的每个部分都有某个属性的结论是不是基于该整体具有该属性而得出的。如果是，那么该论证就犯了分解谬误，并且应该被拒斥。

专栏 9-11

含糊谓词总结

评估论证时，检查是否存在下列情况：

（1）论证得出一个整体的每个部分都有某个属性的结论，是因为该整体具有这个属性；

（2）论证得出一个整体自身有某个属性的结论，是因为它的每个部分都具有这个属性。

如果以上任何一种情况存在，那么该论证就犯了含糊谓词谬误，并且必须因此而被拒斥。

第 10 章
CHAPTER10

避免不相干前提

相干谬误

论证在推理中被错误解读的另一原因是它所依据的前提与结论不相干。即使前提是真的，如果它与本该支持的结论不相干，那就不能构成这个结论的理据，论证自然也就不成立。前提与结论不相干的论证通常会把人们的注意力从真正与当前结论相关的东西上分散开。它们有时会被那些依靠心理作用而非逻辑有效的手段去说服我们的、巧舌如簧的论辩家们所采用。“相干谬误”有多种表现形式，如图 10-1 所示，我们将考察其中的 6 种。

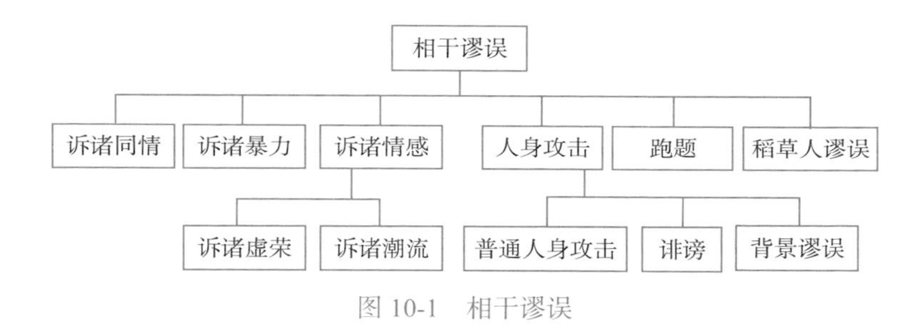

图 10-1 相干谬误

诉诸同情

相干谬误中有一类是诉诸同情（*ad misericordiam*）。

一个论证犯了诉诸同情谬误，当且仅当，其前提试图通过激起同情心来确证其结论。

例如，曾经有人论证应宽恕鲁道夫 · 赫斯。鲁道夫 · 赫斯原是希特勒的亲信，第二次世界大战期间在英国被捕，后因战争罪被判处终身监禁。1982 年，赫斯已是暮年，身体状况也十分恶劣，有人构造了一个应释放他的论证：

例 10-1 1. 赫斯已在监狱度过了四十余年。
2. 他现在八十多岁了，身体正在走下坡路。
3. 应允许这位老人与其家人度过最后的岁月。
4. 应宽恕赫斯。

但是，赫斯的年龄以及恶劣的身体状况与真正的问题并不相干：他因曾参与建造一个使欧洲人身陷恐惧的政权而被判刑。许多俄国人（他们数以千万的同胞曾被德国侵略者杀害）认识到上述论证是诉诸同情，因此提出了严厉的反驳。结果赫斯未被减刑，最后老死狱中。

最近，一位海盗的母亲依据“受年长朋友引诱而从事海上抢劫”，提出了一个类似的论证，祈求美国总统宽大处理她的儿子。据美联社报道，海盗本人通过一位翻译表达了他的忏悔之意：“我为我们所做的事情感到非常、非常抱歉，”他说，“所有这些都与索马里问题相关”。如果从他生活在遭受战争迫害、法治败坏的地方这一角度看，我们的确应该同情他，但这并不能导出结论——他谋杀那些无辜的外国海商是合法的。这个论证明显是诉诸同情。

然而值得注意的是，诉诸同情的不只是无赖和罪犯。日常生活中有许多伪装形式，包括一些我们可能（错误地）认为没有谬误的论证。如，一位学生论证：

例 10-2 我这门课的成绩是 B，难道……就不能给 A 吗？如果没有 A，那就意味着我的平均成绩会降低，我将不能进入法学院！但我整个学期都在很努力地学习。

这个论证事实上可以表示如下：

例 10-2a
1. 我一直都在很努力地学习这门课。
2. 任何 A 以下的成绩都将对我进入法学院产生负面影响。

3. 这门课我应该得 A。

这个论证就是诉诸同情，但并不是因为前提 1：显然，学生的努力程度与上述结论并不相干，这称为“跑题”（之后会详细讨论）。上述论证之所以是诉诸同情，是因为前提 2：它试图使教授为学生感到抱歉而去论证结论的真。这有可能成功，但并不能为接受结论提供合理的依据。

一般地，利用对某人感到抱歉的诉诸同情谬误通常在心理上会起到激励作用。然而，这并不是支持相应结论的好理由。理性思考者希望辨识并避免这一谬误。专栏 10-1 提供了若干窍门。

专栏 10-1

如何避免诉诸同情谬误

（1）如果论证所依据的前提试图通过激起同情心，从而感动读者或听众使他们接受结论，那么就犯了诉诸同情谬误。

（2）任何这类论证都应被拒斥，因为它没有提出任何与结论相干的理据——也就是说，它没有为结论提供任何理性依据。

诉诸暴力

另一个非形式谬误同样是利用情感，但是以完全不同的方式，利用的是诉诸暴力（有时称 *ad baculum*，意思是“诉诸棍棒”)。

一个论证是诉诸暴力，当且仅当，它把威胁作为确保结论为真的依据。

在这种论证中，辩论者试图引起某人的恐惧感，从而迫使他接受结论（就像是说，“接受，否则后果自负”)。第二次世界大战末期，盟军领导人在德国波茨坦会晤以决定如何瓜分欧洲，为了确保苏联的影响力，斯大林的装甲师已经把东欧包裹在一个铁栅栏之中。当被告知教皇已经提出了一个相对不符合苏联目的的政治方案之后，斯大林轻蔑地说：“教皇手中握有几个师？”

当然，诉诸暴力并不一定非得是人身威胁。也可能是一个告诫反对者将会面临不幸后果的小小暗示。察觉（并避免）这种谬误，可遵循专栏 10-2 中的规则。

专栏 10-2

如何避免诉诸暴力谬误

（1）如果一个论证的前提威胁那些拒绝接受结论的人会遭遇不幸后果，那么就犯了诉诸暴力的谬误。

（2）任何这类论证都应被拒斥，因为其前提提供的仅是一个与结论不相干、因此不能支持它的理由。

1955—1976年，理查德·戴利在去世之前一直担任芝加哥市市长，他在任期间对库克县民主党几乎是独裁统治。政府官员都十分清楚，他们主要是满足戴利市长的喜好，任何不忠迹象都会给他们带来不利后果。每次戴利重新选举时，在其管辖区之内的其他官员都会得到如下消息：

例10-3　我们认为你最好退出此次选举并为戴利市长而奋斗，帕克斯先生（街道委员会负责人，消防局局长等），因为如果不这样，戴利市长当选之后……好吧……你有可能会失业。而且……你也知道……我们也不愿意看到你失业！因此事实上，我们只是给你一个友善的建议……仅此而已。我们会在远处注视你的。

这看起来没什么恶意，事实上却是一个隐藏很深的威胁：

例10-3a　1. 如果你不为戴利市长的重新当选而奋斗，你将失业。

2. 你应该为戴利市长的重新当选而奋斗。

例10-3a就是诉诸暴力。毕竟，它所提出的依据（收件人不为戴利的重新当选而奋斗，那么他将会有什么样的后果）尽管在心理上可以看作积极为戴利竞选而奋斗的一个动机，但这与收件人应为戴利的重选而奋斗这个结论不相干。论证本身没有提供戴利应该重新当选，因而人们积极为其重选而奋斗的理据。请注意，完全可以构造一个具有相同结论，但不涉及任何谬误的论证：竞选者可以指出：

例 10-4 你应该退出竞选并为戴利重新当选而奋斗，因为戴利政府已为芝加哥市做出了许多伟大贡献。

然后列出戴利政府的一系列成就（事实上有很多）。列完成就之后，例 10-4 的前提不仅与结论相干而且可以确保其为真。与此形成对比的是，例 10-3a 的前提与论证的结论完全不相干。

诉诸情感

到现在为止，我们已经理解了两种前提与结论不相干的谬误形式。第三种谬误是诉诸情感。

一个论证犯了诉诸情感谬误，当且仅当，它试图通过诉诸人的情感而不是理性去证明结论为真。

这个谬误有时被称为 *ad populum*，意思是“诉诸人民”。任何犯了这一谬误的论证都会使用富含感情色彩的语言说服某人接受特定结论。有时，富含感情色彩的语言也包括可以传送某种情感的图片，正如电视以及其他媒体上所看到的大量充斥着这类谬误的商业广告所使用的图片一样。但通常情况下，诉诸情感谬误的论证使用的都是精挑细选的、具有极大渲染力的语言。察觉并避免这类谬误的窍门可遵循专栏 10-3 中的规则。

专栏 10-3

如何避免诉诸情感谬误

（1）警惕那些使用可以激起情感共鸣的语词或图片，试图引起强烈的心理感应而使人们接受其结论的论证。

（2）任何犯了诉诸情感谬误的论证都应被拒斥。为什么？因为其前提以（1）所表明的方式为结论提供了不相干"理由"。所有这类论证都不能为其结论提供理性支持。

诉诸情感当然是广大善于摇旗呐喊的政治演说家所喜爱的一种媒介。在 1896 年，平民主义者、民主党员威廉·詹宁斯·布莱恩，引用《圣经》典故论证美国货币政策关于黄金的标准对工人阶级不利时指出：

例 10-5　你们不应将荆棘冠冕压进劳动者的额头；不能将饱受折磨的人类钉在黄金十字架上。

而在 40 年后的经济大萧条时期，富兰克林·罗斯福总统使用了如下激动人心的语言，试图使大家拥护他的改革政策：

例 10-6　这一代美国人受命运的指示在这里相遇。

注意，上述每一例子都可以看作支持以下结论的一个前提："因此，你们应该拥护我的政策！"上述两个例子都是省略了结论的论证，而且，都是试图通过具有强烈感情色彩的短语，形如"饱受折磨的人类""荆棘冠冕""十字架""命运"等，来感动听众或读者。这些例子表明，诉诸情感谬误不仅被蛊惑民心的政客以及专制暴君（例如阿道夫·希特勒）使用，而且还同样被主流政治家所使用。无论是谁沉迷于这种形式，它都是一种错误的论证形式。

有时，那些犯了诉诸情感谬误的推理使用的是可以激起强烈情感回应的图片。当林登·约翰逊在1964年重新竞选总统时，他的智囊团投入资金，希望使得选民对其对手贝利·高华德产生普遍性恐惧。在紧张的冷战时期，有些选民害怕高华德急于动用核武器，而约翰逊的智囊团就希望利用这种不安。因此，民主党在电视上登了一个竞选广告，广告一开始是阳光普照的晴空下有一片美丽的草原，一个小女孩在草原上采花，然后突然切换成核武器爆炸后产生的蘑菇云升向夜空的景色。最后，在黑色的电视屏幕中间闪烁着一行字："投约翰逊总统一票。"这是政治广告史上最为臭名昭著的使用图片激发人们情感的事例，后来被广泛指责为庸俗、毫无品位，民主党不得不撤销这个广告。

诉诸潮流

有些诉诸情感形式意图利用看似是人类共同本性的感觉，如不希望错过当前最新潮流——"畅销书"，或被冠之以"夏季最高点击率"的电影。这类诉诸潮流就是利用我们期望与他人有共同经历，不希望被排除在外的心理愿望。但论证所提供的买书或看电影的理由仅注重流行程度，而不是质量品质。畅销书也有可能很肤浅，高点击率的电影其质量或许和一个肥皂剧差不多。被许多人追捧并不能证明它们物有所值。

诉诸虚荣

诉诸虚荣（有时也称“讲究派头的诉求”）是诉诸情感的另一变体，它试图利用人们压抑在内心深处的关于自尊心的恐惧。如果像例 10-7 那样给一台汽车做广告，登广告的人就是试图利用未来买家的虚荣心去说服他们买车的。

例 10-7　并非适合所有人——这台汽车能够告诉世界你是谁。

这一论证策略的另一个例子是，英国维珍航空公司已决定把“一等舱”改为“贵族舱”来吸引乘客坐豪华舱。你能理解其中的道理吗？

人身攻击

一种由于不相干前提导致论证不成立的谬误是人身攻击（字面意思是“诉诸人身”），它比较常见，相对于情感来说，它更多是人身攻击。有时称为“反对那个人的论证”，下文将使用人身攻击这一称呼，因为它已经成了一个常用词汇。

一个论证犯了人身攻击谬误，当且仅当，它试图通过人身攻击使某人（或某团体）的论证、观点或成就不被采信。

也就是说，人身攻击谬误依靠与当前问题毫不相干的个人情面，意图通过破坏当事人的名声，间接地反驳其论证或观点。人身攻击谬误的问题是回避了当事人观点的真正价值。相反地，人身攻击谬误只是恶意中伤当事人而已。在处理特定示例之前，请注意这类论证都不能确保结论为真——但依据专栏 10-4 中的规则可以很容易辨识和避免这类谬误。

专栏 10-4

如何避免人身攻击谬误

（1）要自觉认识到任何诉诸私人（或可疑）事实的论证都与结论不相干。

（2）任何犯人身攻击谬误的论证都应被反驳，因为其前提与结论不相干。也就是说，那些前提被用于质疑论证提出者的声誉而不是论证内容。

不幸的是，我们轻易就能找到一个人身攻击的例子——有时，进行人身攻击的人是你料想不到的。计划生育部最近在公交和地铁上登了一个系列广告，其中的主角是一个身穿制服、看起来脾气暴躁的男性。照片中间是广告词，上面写着“79% 的反堕胎者是男性，他们 100% 不能怀孕”。上述广告中图片与标语的组合十分巧妙，引人发笑。但毫无疑问，这个广告对男性反对者进行了人身攻击。这个广告并没有关注男性反对者的具体观点，相反，它只是拒绝理会他们的意见。但是，无论是在堕胎还是其他问题上，男性群体的观点不能因为其出处而被合法拒斥。真正的问题是：这些观点有良好的依据吗？观点出自谁并不重要，重要的是反对者是否提出了好的或坏的论证。

假设华盛顿爆出了新丑闻。有人看见邓斯特议员使用政府基金支付他及其家人的奢侈度假费用，而另一位立法委员布鲁斯特已向参议院指控了邓斯特的不正当行为。但作为一名哈佛毕业生，邓斯特忍不住指出布鲁斯特是耶鲁大学毕业生。在一次演讲中，邓斯特高调做出如下回应：

例 10-8　这些指控都是假的！这些毫无依据的指控正是从预料中的地方传出来的。显然，布鲁斯特和所有耶鲁人一样，不能停止丑化哈佛人声誉的行为！

邓斯特没有考虑布鲁斯特指控的内容（不正当性），而是针对他是耶鲁人这一事实进行反驳，这就是人身攻击。一个明显的预设是所有耶鲁人都会歧视哈佛人，这就是布鲁斯特做出指控的原因。但是，邓斯特的论证是对布鲁斯特的人身攻击：他引入了一个不具有任何反驳效应的不相干（尽管表面上看相干）内容。

我们仍然需要记住的是，说话者是谁并不能证明一个断言具有或不具有好的依据，论证事实上是否包含好的理由来支持结论才能证明那一点。应评价那些理由的价值：它们或者提供了支持断言的理据，或者没有。例 10-8 中，我们当然需要听取布鲁斯特议员的论证——假设他提出了证实邓斯特不正当行为的事实——这才能确定他的论证是否有良好的理据。

诽谤

人身攻击论证有时候攻击的是人的性格。假设一个常看电影的人宣称：

例 10-9 我没想看伍迪·艾伦最新的电影。我确定它不值一看，我不会在这上面浪费金钱——当我知道他是什么样的人之后就不会了！他背叛了米娅·法罗，他与米娅的养女顺宜恋爱更是伤透了她的心。所以在我看来，他的电影没有任何艺术价值。

例 10-9 就是人身攻击，因为这个论证试图依据电影导演艾伦与顺宜（两人后来结了婚）的关系，而不是其他能够质疑电影艺术价值的理由去怀疑艾伦的影片质量。但这个论证更是一种诽谤，因为它攻击的是艾伦的品行——他在道德上被指责为“叛徒”，这当然是一个贬义词。但是，无论我们如何评价艾伦的个人品质，这些能证明他的电影很差吗？这些难道不是与其电影的艺术性完全不相干吗？

背景谬误

最后，如果有人试图利用论点提出者的虚伪反驳他的观点，那么就犯了背景谬误。有时也称“*tu quoque*”（意思是，你也是其中一员）。我们来考察一下当时英国人对托马斯·杰斐逊著作的印象。杰斐逊在《独立宣言》中有一句名言："我们认为，所有人生来平等，造物主赋予了他们若干不可剥夺的权利，包括生存权、自由权和追求幸福的权利，这些真理是不言而喻的。"但可以轻易想到，1776年的英国保守党针对上述观点的立场。保守党当然把这些高傲的语言看作可笑的政治修辞，因为他们熟知杰斐逊本人就是一个著名的奴隶主。在伦敦，塞缪尔·约翰逊博士讥讽道："我们听到，奴隶主中有人大声呼喊'自由'，这是什么感觉？"可以如下扩充约翰逊的评论：

例10-10
1. 杰斐逊宣称所有人生来平等并且享有自由权。
2. 杰斐逊本人却是一个奴隶主。
3. 他向别人宣扬连他自己都不遵守的高尚原则。
4. 杰斐逊关于自由和平等的言论是假的。

但如果真有人如此论证，那他就犯了诉诸背景谬误。毕竟，这个假想的论证试图利用杰斐逊的个人问题——关于种族和人性的伪善生活——质疑他关于人身平等和享有权利的观点。蒙蒂塞洛的圣人当然不允许自己的奴隶享有他和其他白人所倡导的自由和平等。但杰斐逊的个人成败能够表明他关于自由和平等的断言是虚假的吗？我们都自然地认为人们不应该虚伪，人们都应该对自己所宣称的原则身体力行。但是，如果有人没有遵从这个道德准则，我们就指出他是虚伪的，这不能证明他所宣称的原则虚假。事实上，我们只是陷入了一种人身攻击，即背景谬误。

非谬误性的人身攻击

在我们结束人身攻击的讨论之前，还需做出一个重要澄清。有些指责人的论证并不是谬误，因为存在某些语境可以使得这些论证合乎程序。例如在公共生活中，一位政治家的道德品质就是竞选过程中一个高度相干的问题，因为我们确实希望所选的领导人值得信赖。上文给出的第 2 个例子，布鲁斯特议员把邓斯特议员的个人诚信引入到讨论中就等于是一种人身攻击，但这并不是谬误（邓斯特的回应也不是），因为不道德（或不合法）的行为与一个人是否适合做议员并不是不相干。所以，布鲁斯特的评论是一种人身攻击，但不具有谬误性质，因为那些评论并不是不相干前提。

类似地，英美两国的司法系统使用的是一种敌对模型——其中，原被告双方的律师都会提出自己的论证，而且都试图从根本上反驳对方的观点——法庭上有些论证就是人身攻击。毕竟，律师可以利用证人私生活方面的证据质疑证词。

事实上，这根本不是谬误性的人身攻击。因为在法庭上，证人是否可靠并非不相干。如果证人的目的就是提出证词，那么证人是否可信就是高度相干的。因此，如果律师试图利用证人的私人问题质疑证词，那么他就不是人身攻击。律师的工作就是竭力捍卫当事人的利益，为了达到这一目的，他可能会在证人的出身以及私生活方面大做文章去降低证人的威信。这是人身攻击，但不是谬误。

按照逻辑进行思考的人一定要记住，法庭程序是法学中的一个特殊主题，我们并不准备详细讨论其中的复杂性。如果一个人担任陪审员，那么就应该遵守法官的指示。但现在需要重视的是，非谬误性的人身攻击是存在的，是否谬误取决于语境。

跑题

一个论证可能会因为提出的前提与结论毫不相干而犯相干谬误。这些前提可能支持某一结论，但不支持当前的结论。这种情况称为跑题（也称 *ignoratio elenchi*）。

> 一个论证犯了跑题谬误，当且仅当，前提不能以逻辑的方式确保结论为真，尽管它们可能确保其他结论为真。

起初，我们可能识别不出这类论证中混淆的根源。例如，设想反虐待动物者引用法律来禁止某些大型农场虐待鸡、猪、牛的行为。但假设农场主如此回应：

例 10-11　这些农场并不虐待动物。毕竟，农场为大多数消费者供应食物，而且供应方式也比较划算；另外，这些家禽肉、猪肉和牛肉产品为美国所有家庭的健康做出了贡献。

例 10-11 中奇怪的地方在于，前提并不支持“这些农场并不虐待动物”这个结论。或许，那些前提支持某一结论。但它们并不支持这个结论，因为它们并没有提供任何理由说明当前这个大型农场不虐待动物。所以，例 10-11 犯了跑题谬误。

另一个示例也是如此。贝拉克·奥巴马执政早期，一对没有被邀请，也没有权利进入白宫的美国夫妇参加了在白宫举行的国宴。事实上，他们是派对破坏者。得知自己已经违反了白宫安全条例，因而会被起诉之后，他们指出不应被起诉，理由是“为准备宴会他们牺牲了时间和金钱。”假设他们确实做了牺牲。即使是这样，这与他们触犯法律，不应被起诉有什么相干呢？他们提出的不应被起诉的“理由”（牺牲了时间和金钱）并不支持那个结论。上述论证显然是一个跑题谬误的示例。

还有一个例子，是由一位收音机听众在回复 BBC 关于联合国预测 2051 年人口过剩危机时无意提出的。“我们能够应对这次挑战，”听众自信地断言，“因为我们曾团结一心与纳粹做过斗争。”但这个论证不止有一个问题，至少忽略了那些第二次世界大战期间与德国人交战的英国人不会活到 2051 年这一事实。因此，无论处于大不列颠最好时期的人们是多么擅长解决问题，对于 21 世纪中期的危机，他们不可能起到什么作用。除此之外，我们不清楚如何从一个拥有能够战胜希特勒军事力量的国家的前提，推出结论——他们具有可以解决未来人口过剩危机这一完全不同问题的能力。因此，这个论证是跑题的。尽管前提明显真实，但并不支持它所提出的结论。

例 10-12 1. 我们与纳粹做斗争时，能够团结一心。

2. 我们能够应对未来的人口过剩危机。

专栏 10-5

如何避免跑题谬误

进行逻辑推理的人应注意：

（1）论证的前提与要证明的结论不相干。

（2）即使其他地方没有错，但任何这类论证都是有缺陷的。它犯了跑题谬误，应被拒斥。

稻草人谬误

最后，考察一个观点被对方错解因而很容易被反驳的非形式谬误。错解的观点可能是一个陈述，或一组相关的陈述（即一个观点或理论）。这类错解忽略的是宽容性和忠实性，即第 4 章重构论证所使用的原则。宽容性原则是指解释他人观点时要最大程度地保留各组成部分（如果是论证，其组成部分就是前提和结论）的真实性以及部分之间的逻辑关联。

忠实性原则是指解释观点时要对作者的意向做最逼真的理解。正是在解释他人观点时缺乏宽容性和忠实性原则，论辩双方才会不一致，最终导致稻草人谬误。

一个论证犯了稻草人谬误，当且仅当，前提通过曲解真实的观点，试图破坏这个观点。

这类非形式谬误发生的情境通常包括评议、辩论等。稻草人谬误（令人遗憾的）是公共生活中一个常见的策略，经常会在政治竞选的辩论中听到。典型的表现是，稻草人谬误会扭曲对手的真实观点。这种曲解可能很极端、很不负责任、甚至有些愚蠢，因此可以轻易地反驳。对方的观点变成了一个轻易可以吹走的“稻草人”。但反驳稻草人的结论，当然不是对真实观点的否证。这可参照专栏 10-6 所勾勒出的稻草人谬误的轮廓。

专栏 10-6

稻草人谬误到底是怎么回事

（1）稻草人谬误试图使用“O”，反驳特定观点“V”。

（2）但这个论证把 V 曲解为 W——其中 W 很容易被 O 反驳。

（3）论证的结论是基于 O 反驳了 V。

但是，O 确实能够反驳 V 吗？似乎不能。毕竟，O 仅能

反驳曲解之后的 V，即 W。

政治辩论中不难找到这类谬误的例子。设想两个持不同外交政策的政治候选人：巴顿宣称整个国家不应单方面，而应在传统联盟的帮助下使用军事力量，但伯顿试图通过下列论证反驳巴顿。

例 10-13
1. 对手的国际政策是：行动之前需要外国许可。
2. 行动之前需要外国许可，与基于我们自己的利益推动国家安全和采取行动的权利之政策不一致。
3. 基于我们自己的利益推动国家安全和采取行动的权利都是合理的。
4. 对手的国际政策不合理。

若没有证据表明巴顿的确赞同第一个前提，那又会导致什么后果呢？在那种情况下，例 10-13 就是稻草人谬误。在采取一个潜在危险行动之前寻求联盟的帮助并不等价于“行动之前需要得到外国许可”。伯顿正在曲解巴顿的论证。

考察另一个例子，有国会成员赞同把拘留在关塔那摩的人放在民用刑事法庭上审理。反对者继而控诉：

例 10-14
1. 赞成民事审判的人赞同恐怖主义。
2. 赞成恐怖主义的人会与我们国家作对。
3. 赞成民事审判的人是与我们国家作对的人。

察觉（并避免）这类谬误的规则是，核查论证中反驳特定观点的理由是不是反驳那个观点的真实理由。时刻反问自己，目标观点是否依据宽容性和忠实性原则得到了解释。

专栏 10-7

如何避免稻草人谬误

反对 V 观点时，如果论证指出，“因为 O，所以 V 是错的”，那么需要记住，O 是否构成对 V 的反驳，取决于对 V 的解释是否依据了宽容性和忠实性原则。没有人会赞同一个显然虚假的观点！

诉诸情感总是错误的吗

前文已经指出，诉诸情感是相干谬误的一种。但这种观点应该被拒斥，因为进行逻辑推理的人不可能对情感仅采取不信任这一种态度。鉴于情感对人类的重要作用——我们认为如果没有情感，生命将变得空洞乏味——哲学家就不应忽略情感，逻辑学家也应有一种良性表达情感的方式。

那么，哪些是非谬误性的诉诸情感呢？首先，情感在激励行动方面起到了重要作用。不涉及谬误推论的感觉、情感、欲望、日常的倾向和多种厌恶情绪都能促使我们在日常生活中行动。我们没有必要非得依据理性“是而且应该是热情的奴隶”，去认识到感觉和欲望是行动的动机。感觉激起的行动也可以是理性所指导的（例如，己所不欲、勿施于人）。

其次，要警惕我们对爱人、朋友以及同事的情感承诺，它们是我们采取行动和容忍的理据。如果我们知道其他人所关心的事情——尤其是比较深刻而且重要的问题——那么我们就会知道如何避免说一些会伤害他们感情的话。这就是非谬误性的诉诸（他们的）情感。类似地，如果我们知道某些话题会激怒某人，那么我们应该考虑他的感觉，并且在他面前避免谈论这类话题，这也不是谬误。

再次，情感可恰当地促使我们对处于危险或遭遇痛苦的陌生人采取行动。每当有促使我们实施物资救援计划的饥荒、战争、流感和自然灾害的报道时，我们都会同情同胞，这也不是谬误。类似地，当公平的本能促使我们为少数受歧视或遭遇不公平待遇的人辩护时，按照感觉行动也不会犯下谬误。而且，当我们获悉任何残忍和暴虐的兽行，尤其是极为恶劣的犯罪行为时，指出应惩罚或阻止行为者，也不属于谬误。

最后，应情感需要，我们帮助贫困人群的行为（如医生缓解病人痛苦的行为，或者把兜里的零钱赠予大街上乞讨的无家可归之人的行为）都不是谬误。

上述例子的共同点是：他们诉诸的情感并非与结论不相干。也就是说，它们代表的是某人可能合理地被情感感动的情境。相反，诉诸情感谬误对情感的使用总是偏离正题，通常是对某人感觉的细微操纵，它服务于一个与结论毫不相干（尽管看上去相干）的观点。进行逻辑推理的人应辨识这类细微情况，因为它与滥用理性无异。

但是，逻辑思维的目标并不是把人变成冰冷的、毫无情感的理性主体，就像星际迷航中的斯波克先生。（当然，斯波克是半瓦肯、半人类，他可能愿意高估严格的理性行为的价值，并低估日常情感的价值。）毕竟，过于理性在生活中的许多情况下都是不合适的，甚至是疯狂的。例如，爱上某人，或对父母、对孩子表达爱就属于这种情况。情绪和欲望对任何人都至关重要，而当他们以一种恰当方式被感动时，进行逻辑推理的人就没有犯任何谬误。

PART 4

第四部分

再论演绎推理

第 11 章 CHAPTER11

复合命题

论证：作为命题间的一种关系

在接下来的两章中，我们将进一步讨论曾在第 5 章中简单论述过的一个主题：命题论证。在这里，我们将详细考察命题，它是命题论证的组成部分。请考虑如下论证：

例 11-1　1. 如果地球是一颗行星，那么它运动。

　　　　2. 如果地球不运动，那么它就不是一颗行星。

例 11-1 是一个命题论证，因为它完全由构成它的命题之间的关系组成。它的前提与结论都是复合命题。这些复合命题由“地球是一颗行星”和“地球运动”这两个简单命题通过逻辑联结词构造而成。联结词“如果……那么……”与“并非”是五种**真值函项联结词**（或简称“联结词”）中的两种。接下来，我们将对它们进行详细介绍。

真值函项联结词	**标准的汉语表达**
否定 *	并非 P
合取	P 并且 Q
析取	P 或者 Q
蕴涵	如果 P，那么 Q
等值	P 当且仅当 Q

* 否定是按惯例而被称作“联结词”的。

在这里，我们使用了像“*P*”“*Q*”“*R*”这样的大写字母作为任意命题的符号。下文中，我们将使用从“*A*”到“*O*”的大写字母将命题翻译成符号，而保留从 *P* 到 *W* 的大写字母来表示非具体命题。当把一个命题表示为符号时，我们挑出该命题中某个词（最好是名词）的对应英文单词的首字母。例如，对于命题“如果地球（Earth）是一颗行星，那么它运动（Moves）”，可以被表达为“如果 *E*，那么 *M*”，其中

E = 地球是一颗行星

M = 地球运动

对于同一个命题在一个论证中的不同出现情况，我们使用相同的字母对其进行符号化，而对于不同的命题，则选择来自另一个词的对应英文单词的不同首字母。对于例 11-1，我们分别用命题符号来替换出现在该论证前提与结论中的命题，而保留联结词“如果……那么……”。经过这样的替换

后，我们将得到如下论证形式：

例 11-1a 1. 如果 E，那么 M。
2. 如果并非 M，那么并非 E。

现在，让我们将下列命题翻译成符号：

例 11-2 1. 渥太华是加拿大首都。
2. 并非渥太华不是加拿大首都。

例 11-3 1. 菲多要么在房子里，要么在兽医处。
2. 菲多不在房子里。
3. 菲多在兽医处。

例 11-4 1. 简在邮局工作，鲍勃在超市工作。
2. 鲍勃在超市工作。

例 11-5 1. 电视是有趣的，当且仅当它播出好的喜剧。
2. 电视不播出好的喜剧。
3. 电视不是有趣的。

一旦我们将这些命题翻译为符号，我们就得到：

例 11-2a 1. O
2. 并非非 O

例 11-3a 1. 要么 F 要么 E
2. 并非 F
3. E

例 11-4a 1. J 并且 B
2. B

例 11-5a　1. A 当且仅当 C
　　　　　2. 并非 C
　　　　　3. 并非 A

尽管从例 11-2a 到例 11-5a 都以联结词为特征，但并非所有命题论证都是这种形式，例如：

例 11-6　1. P
　　　　2. P

在例 11-6 中，命题符号“P”在前提和结论中代表同一个命题。由于“等同”，任意具有该形式的论证都是有效的，因为如果它的前提为真，那么它的结论不可能为假。不过，这不是我们目前所关注的。相反，在这一节中我们考察了命题论证，发现它们的前提和结论通常是以联结词为特征的。接下来，让我们进一步分析这些联结词。

简单命题与复合命题

至少包含一个联结词的命题是复合命题，否则，它是简单命题。请考虑如下例子：

例 11-7　席琳・迪翁是一名歌手，罗素・克洛是一名演员。

这是一个复合命题，它是如下两个简单命题的合取：

例 11-8　席琳・迪翁是一名歌手。

例 11-9　罗素·克洛是一名演员。

合取是 5 个联结词之一。其他 4 个分别是否定、析取、实质蕴涵和实质等值。对于每个联结词，我们引入一个符号，并且给出一条真值规则。其中，真值规则用于确定由特定联结词构造而成的复合命题的真值。因为与每个联结词相联系的真值规则定义了该联结词，所以每个联结词都是"真值函项联结词"。不过，在多数时候，我们将它们简称为"联结词"，见表 11-1。

表 11-1　真值函项联结词

联结词	用自然语言表示	用符号表示	符号的名称
否定	并非 P	$\sim P$	波浪形
合取	P 并且 Q	$P \cdot Q$	点
析取	P 或者 Q	$P \vee Q$	楔形
蕴涵	如果 P，那么 Q	$P \supset Q$	马蹄形
等值	P 当且仅当 Q	$P \equiv Q$	三杠

在讨论每个联结词之前，请注意，通常只有一个联结词管辖一个复合命题，称之为"主联结词"。我们通过识别主联结词来确定一个给定的命题属于**哪类**复合命题：合取命题、否定命题、析取命题等。显然，当一个命题包含多个联结词时，确定哪个联结词是主联结词很重要。

否定

否定是一个真值函项联结词，它一般被表达为"并非"

（即英文“not”），用波浪形符号“～”表示。否定能够影响一个命题自身。即便如此，在习惯上我们也把它当作一个“联结词”。在日常语言中，否定可以出现在一个陈述的任意部分。当一个否定加在一个简单命题上的时候，这个命题就成为一个复合命题。请考虑如下例子：

例11-10　罗素·克洛不是一名演员。

例11-10a　$\sim C$

在这里，通过添加一个否定，简单命题“罗素·克洛是一名演员”变成了复合命题。在例11-10a中，我们用波浪形表达一个否定，用C代表被它影响的那个简单命题。

被否定影响的命题自身也可以是复合命题。例如：

例11-11　并非火星和木星都有水。

例11-12　并非玛丽不在图书馆。

为了表达否定的命题，否定符号通常位于被否定的东西之前。例11-12是“玛丽不在图书馆”的否定，而“玛丽不在图书馆”本身也是一个否定。这样，我们就有了一个双重否定：对本身是一个否定命题的否定。双重否定可以用命题公式表示为：

例11-12a　$\sim\sim L$

因为两个否定互相抵消，所以例11-12a在逻辑上等价于：

例 11-12b　L

任意包含否定的命题或者命题公式都是复合命题。如下“真值规则”定义了否定。它们也可以用于确定包含否定的命题（或命题公式）的真值。

一个否定命题为真，如果被否定的命题为假。
一个否定命题为假，如果被否定的命题为真。

当一个命题是另一个命题的逻辑否定的时候，这两个命题不具有相同的真值：当“P”为真时，“$\sim P$”为假；当“$\sim P$”为真时，“P”为假。例如，上述命题例 11-11（即“火星和木星都有水”的否定）为真，而“火星和木星都有水”为假。在如下的例子中，例 11-14 不是例 11-13 的否定，因为这两个命题都为假。

例 11-13　所有牙齿矫正医生都是高个子。
例 11-14　没有牙齿矫正医生是高个子。

现在，请考虑如下命题：

例 11-15　有些牙齿矫正医生不是高个子。
例 11-16　有些牙齿矫正医生是高个子。

例 11-15 是例 11-13 的否定，而例 11-16 是例 11-14 的否定。在这里每一对命题均不可能有相同的真值。不过，逻辑上等价的命题会有相同的真值。例如，如果例 11-17 为真，那么例 11-18 也为真。

例 11-17 林肯被暗杀了。

例 11-18 并非林肯没有被暗杀。

例 11-18 是一种双重否定，即它是“林肯没有被暗杀”的否定。

注意，以“……不是真的”“……是假的”“……从来没有发生过”等形式表达的命题通常是一种否定，正如在英语中包含“in-”“un-”“non-”等前缀的命题一样。例如：

例 11-19 我的选举权是不可剥夺的（inalienable）。

在这里，“不可剥夺的”（inalienable）意味着“不是可剥夺的”（not alienable）。例 11-19 在逻辑上等价于：

例 11-19a 我的选举权不是可剥夺的。

同样，因为“未婚”（unmarried）意味着“没有结婚”（not married），所以例 11-20 与例 11-20a 在逻辑上也是等价的：

例 11-20 康多莉扎·赖斯是未婚的。

例 11-20a 并非康多莉扎·赖斯是结了婚的。

但是，例 11-21 不是一个否定：

例 11-21 未婚夫妇也有获奖资格。

在这里，“未婚的”（unmarried）并不是用来否定整个命题的。它只影响“结婚的”（married）这个词。

最后要注意，尽管在英语中像“miss”“violate”“fail”等词语都有否定的意思，但它们不被用来表达否定。

合取

合取是一个真值函项联结词，可以用自然语言表达为“并且”，用符号表示为“·”。相应复合命题称为“合取命题”。合取通常放在两个命题之间，这两个命题都被称为“合取支”。合取支既可以是一个简单命题，也可以是一个复合命题。接下来，我们来考察一些由简单命题经过合取而构成的复合命题。

例 11-22 珠穆朗玛峰（Everest）在中国西藏，勃朗峰（Blanc）在法国。

例 11-23 火星（Mars）和木星（Jupiter）都有水。

它们可以用符号表达为：

例 11-22a $E \cdot B$

例 11-23a $M \cdot J$

回忆前面的例 11-11：

例 11-11 并非火星和木星都有水。

表达该命题的公式是例 11-11a，它用圆括号表明 M 和 J 都在否定的辖域内。

例 11-11a　$\sim(M \cdot J)$

关于圆括号和其他标点符号的使用，我们将在后面做更多阐述。现在，让我们考虑为什么合取是一个真值函项联结词。这是因为，对于一个合取命题，只要给定其合取支的真值，依据如下规则，就可以确定该合取命题的真值。

一个合取命题为真，当且仅当它的合取支都为真；否则，一个合取命题为假。

例 11-22 为真，因为它的两个合取支事实上都为真。但是，如果一个合取支为真而另一个为假，或者两个都为假，那么相应的合取命题就为假。对于例 11-23，因为我们知道它的两个合取支都为假，所以该命题为假。同样，下列命题也为假：

例 11-24　珠穆朗玛峰在中国西藏，但勃朗峰不在法国。

例 11-25　珠穆朗玛峰不在中国西藏，勃朗峰不在法国。

因为勃朗峰在法国，所以例 11-24 的第二个合取支为假，这使得该合取命题为假。因此，在一个合取命题中，“假”类似于传染病，只要存在于一处，整个复合体就会被破坏。在例 11-25 中，两个合取支都为假，因为它们都是一个真命题的否定。上述两个命题可以用符号表示为：

例 11-24a　$E \cdot \sim B$

例 11-25a　$\sim E \cdot \sim B$

另外，需要注意的是，像例 11-23 一样，在日常语言中许多合取命题都是采用缩写的形式。例如：

例 11-26 罗特韦尔犬和多伯曼犬都是凶猛的狗。

上述命题在逻辑上等价于：

例 11-27 罗特韦尔犬是凶猛的狗，并且多伯曼犬也是凶猛的狗。

然而，例 11-28 不是一个由两个简单命题组成的合取命题的简写，而是另一个简单命题，用于描述两种狗之间的一种特定的关系。

例 11-28 罗特韦尔犬和多伯曼犬正在互相发出吠声。

此外，还需注意的是，作为一个真值函项联结词，合取满足交换律，即合取支的次序不影响相应复合命题的真值。假设例 11-26 为真，那么依据相关事实，“多伯曼犬是凶猛的狗，并且罗特韦尔犬也是凶猛的狗”为真，例 11-27 也为真。然而，对于这一点，我们也得小心，因为有时次序需要被考虑。不过，在这种情况下合取就不是一个真值联结词了，例如：

例 11-29 他脱了鞋，上了床铺。

当例 11-29 和例 11-30 均为真时，所对应的事实并不完全相同：

例 11-30 他上了床铺，脱下鞋。

在这些非真值函项合取命题中，事件的次序（即合取支的次序）的确有影响。我们再观察如下两个例子：

例 11-31 他看见她并且说“你好”。

例 11-32 他说“你好”并且看见她。

最后，除了“并且”（and）之外，自然语言中还有很多表达合取的词，包括“但是”（but）、“然而”（however、nevertheless、yet）、“也”（also）、“另外”（moreover）、“而”（while）、“即使”（even though）和“尽管”（although）等。

析取

析取也是一个满足交换律的联结词，可以用自然语言表达为“或者”，用符号表示为“∨”。相应的复合命题称为“析取命题”。在表达一个析取命题的时候，联结词通常放在两个命题之间，这两个命题都称为“析取支”。析取支既可以是一个简单命题，也可以是一个复合命题。下面是两个析取命题（分别用自然语言和符号表示）：

例 11-33 罗马在意大利（Italy），或者罗马在芬兰（Finland）。

例 11-33a $I \vee F$

例 11-34 罗马不在意大利，或者巴黎不在法国（France）。

例 11-34a $\sim I \vee \sim F$

例 11-33 和例 11-34 都是析取命题，因此都是复合命题。析取是一个真值联结词，因为对于一个析取命题，只要给定其析取支的真值，依据如下规则，就可以确定该析取命题的真值。

一个析取命题为假，当且仅当它的析取支都为假；否则，一个析取命题为真。

依据上述规则，一个析取命题为真，该命题中至少有一个析取支为真。由此可知，例 11-33 为真，而例 11-34 为假。例 11-35 也是假的，因为它的两个析取支（均为复合命题）都为假。

例 11-35　或者雪地（snow）防滑轮胎在热带是有用的并且空调（air conditioners）在冰岛是流行的，或者企鹅（Penguins）并非在寒冷中茁壮成长。

例 11-35a　$(S \cdot A) \vee \sim P$

显然，合取命题（$S \cdot A$）为假，因为它的两个合取支都为假；同时，$\sim P$ 为假，因为它是 P 的否定，而 P 为真。因为例 11-35 的两个析取支都为假，依据析取的真值规则，可知例 11-35 为假。

除了“或者”（or）之外，析取还可以由其他自然语言来表示，如“要么……要么……”“除非”等。有时，析取被嵌入到否定中（例如“既不……也不……”）。这时，否定是主联结词。对于上述这些情况，请看如下例子：

例 11-36　她是该课程的主讲教师，除非课程表错了。

例 11-36a　要么她是该课程的主讲教师，要么课程表错了。

例 11-37 是例 11-37a 的缩略表达：

例 11-37　中央情报局和联邦调查局都不容忍恐怖分子。

例 11-37a　既非中央情报局容忍恐怖分子，也非联邦调查局容忍恐怖分子。

因为“既不……也不……”通常用于表达一个析取的否定，所以例 11-37 在逻辑上等价于：

例 11-38　并非“要么中央情报局容忍恐怖分子，要么联邦调查局容忍恐怖分子”。

因此，例 11- 37 和例 11-38 都可以被符号化为一个析取的否定：

例 11-38a　$\sim(C \vee F)$

注意，这里的主联结词是否定，不是析取。另外，例 11-37 和例 11-38 在逻辑上等值于例 11-39。

例 11-39　中央情报局不容忍恐怖分子，联邦调查局也不容忍恐怖分子。

例 11-39a $\sim C \cdot \sim F$

最后，一个真值函项析取是相容的，当两个析取支可能都为真；或者是不相容的，当只有其中之一可能为真。本书着重讨论相容析取，其真值规则已在前面给出。

实质条件

实质条件式是一种复合命题，又称为“实质蕴涵式”或“条件式”。相应的真值函项联结词可以用自然语言表示为“如果……那么……”，或用符号表示为“⊃”。例如：

例 11-40 如果玛丽亚是执业律师，那么她已经通过了律师资格考试。

一个条件式由两部分构成：放在“如果”后面的是它的**前件**，而放在“那么”后面的是它的**后件**。

实质条件是一个真值函项联结词，因为对于由它所产生的复合命题，只要给定其前件和后件的真值，依据如下规则，就可以确定该复合命题的真值。

一个实质条件式为假，当且仅当它的前件为真并且后件为假；否则，它为真。

因此，任意具有真后件的条件式为真，而任意具有假前件的条件式为真。

实质条件式中的两个命题既可以是简单命题，也可以是复合命题。它们代表一个假说关系，其中前件和后件都不是被独立地断定的。例 11-40 断定玛丽亚是执业律师吗？不是。断定她已经通过了律师资格考试了吗？也不是。相反，在任意条件式“如果 P 那么 Q”中，P 和 Q 代表这样一种假说关系，使得 P 为真蕴涵着 Q 也为真。为了质疑一个条件式，我们必须表明其前件为真并且后件为假。

注意，有时用于引出一个条件句后件的“那么”可以被省略。另外，除“如果……那么……”之外，自然语言的其他表述也可以用于引入条件句的前件或后件。这些表述可以出现在一个语句的后件之前、前件之前，或者它们二者之前。在下面的例子中，由双下划线标记的是前件，由单下划线标记的是后件：

玛丽亚已经通过了律师资格考试，只要她是执业律师。

假定玛丽亚是执业律师，则她已经通过了律师资格考试。

在假设玛丽亚是执业律师的情况下，她已经通过了律师资格考试。

玛丽亚是执业律师，只有当她已经通过了律师资格考试。

玛丽亚是执业律师，蕴涵着她已经通过了律师资格考试。

现在我们把上述条件式用符号语言来表达。用“M”代表“玛丽亚是执业律师”，“E”代表“她已经通过了律师资格考试”。如下公式表达了任何以“M”为前件、以“E”为后件的命题。它把“M”放在最前面，然后是马蹄形符号，最后面是“E”：

例 11-40a　$M \supset E$

在形式化的过程中，我们遵循的规则是：

为了用符号语言来表达一个条件式，我们必须先列出它的前件，后列出它的后件，无论在自然语言句子中这两部分以何种顺序出现。

依据如下术语，我们把下面的自然语言条件句翻译为用符号语言表示的条件式：

N ＝ 美国是一个超级大国。

I ＝ 中国是一个超级大国。

C ＝ 中国在其他国家有代理机构。

O ＝ 美国在其他国家有代理机构。

例 11-41　如果中国是一个超级大国，那么中国和美国在其他国家都有代理机构。

例 11-41a　$I \supset (C \cdot O)$

例 11-42　并非“如果美国在其他国家有代理机构，那么它是一个超级大国”。

例 11-42a　$\sim(O \supset N)$

例 11-43　中国在其他国家有代理机构，只要美国和中国都是超级大国。

例 11-43a　$(N \cdot I) \supset C$

例 11-44 如果美国在其他国家没有代理机构，那么它就不是一个超级大国。

例 11-44a $\sim O \supset \sim N$

例 11-45 中国在其他国家有代理机构，蕴涵着：或者它是一个超级大国，或者美国不是一个超级大国。

例 11-45a $C \supset (I \vee \sim N)$

例 11-46 如果“或者美国在其他国家有代理机构，或者中国在其他国家有代理机构”，那么美国和中国都不是超级大国。

例 11-46a $(O \vee C) \supset \sim(N \vee I)$

例 11-47 如果美国不是一个超级大国，那么它“或者在其他国家有代理机构，或者在其他国家没有代理机构”。

例 11-47a $\sim N \supset (O \vee \sim O)$

注意，“P 除非 Q”也可以被表达为“如果并非 P 那么 Q”。因此，“美国是联合国的一个成员，除非美国拒斥联合国宪章”，等价于“如果美国不是联合国的一个成员，那么美国拒斥联合国宪章”。

充分条件和必要条件。在任意实质条件式中，前件是后件的充分条件，而后件是前件的必要条件。因此，“如果 P 那么 Q”的另外一种方式是：P 对 Q 是充分的，而 Q 对 P 是必要的。某个命题 P 为真的一个必要条件是指事情的某种状态：若没有它，则 P 不可能为真；但若仅仅依靠它自身，则并不足以使 P 为真。在例 11-40 中，“玛丽亚已经通过了律师资格考试”是“她是一名执业律师”的必要条件（如果她没有通过律师资格考试，那么她不可能是一名执业律师，尽管仅仅通过律师资格考试并不能保证她是一名执业律师）。某个命题 Q 为真的一个充分条件是指事情的某种状态：仅仅依靠它自身就足以使 Q 为真，但它并不是使 Q 为真的唯一途径。在例11-40中，“玛丽亚是一名执业律师”是“她已经通过了律师资格考试”的充分条件（意思是前者保证了后者）。

在一个实质条件式中：

- 后件是前件为真的必要（但不是充分）条件。
- 前件是后件为真的充分（但不是必要）条件。

实质双条件

一个实质双条件式是一种复合命题，又称“实质等值式”，或简称“双条件式”。相应的真值函项联结词可以用自然语言表示为“当且仅当”，或用符号表示为“≡”。双条件也可以用自然语言表示为其他形式，如：“恰好在……情况下”（just in case）、“等值于”（is equivalent to）、“当并且只有当……的时候”（when and only when）等，或者缩写作“iff”。一个双条件式的两个部分既可以是简单命题，也可以是复合命题。下面是一个由简单命题构成的双条件式，分别用自然语言和符号来表示：

例 11-48　班克斯特博士是这所学院的校长，当且仅当她是该学院的首席执行官。

例11-48a $B \equiv O$

对于由双条件式所产生的复合命题，它的真值取决于组成部分的真值，相应的真值规则如下：

一个实质双条件式为真，当它的组成部分有相同的真值时成立，即它们要么都为真、要么都为假；否则，一个双条件式为假。

给定上述规则，为了使得一个双条件命题为真，组成它的命题必须具有相同的真值，即要么两者都为真、要么两者都为假。当一个双条件式的构成部分具有不同的真值时，该双条件式为假。例11-49～例11-51均为假，因为它们中的任何一个都描述了两个具有不同真值的命题。

例11-49 喜马拉雅山是一座山脉，当且仅当罗马教皇是英国圣公会的领袖。

例11-50 伦敦在英格兰，当且仅当波士顿在波斯尼亚。

例11-51 鹦鹉是哺乳动物，当且仅当猫是哺乳动物。

相反，以下双条件式都为真，因为在各种情况下其组成部分都有相同的真值：

例11-52 林肯是被刺杀的，当且仅当肯尼迪是被刺杀的。

例 11-53 北京是法国首都，当且仅当比尔·盖茨是贫穷的。

例 11-54 “栎树是树木”与“老虎是猫科动物”在逻辑上是等值的。

在任意双条件式中，每个组成部分既是另一部分的必要条件，也是它的充分条件。因此，在例 11-48 中，“班克斯特是该学院的首席执行官”既是“她是这所学院的校长”的必要条件，也是它的一个充分条件。“她是这所学院的校长”既是“她是该学院的首席执行官”的必要条件，也是它的充分条件。因此，一个双条件式可以被理解为两个条件式的合取。这样，我们可以把例 11-52 表达为这两种情况中的任意一种：

例 11-52a $L \equiv K$

例 11-52b $(L \supset K) \cdot (K \supset L)$

例 11-52b 是两个条件式的合取，其前件与后件互相蕴涵。这就是为什么我们把实质等值关系叫作“双条件式”的原因。显然，该联结词满足交换律。

专栏 11-1

小结：复合命题

- 受一个真值函项联结词影响的任何命题都是**复合命题**；否则，它是一个**简单命题**。
- 一个复合命题的真值由如下两个因素确定：

（1）它的组成部分的真值；

（2）与该命题中各个联结词相关的真值规则。

- 否定是唯一一个能够影响单一命题的联结词。

复合命题的命题公式

标点符号

正如我们在以上例子中看到的，圆括号、中括号以及大括号可以被用于指示各个逻辑联结词的辖域，以消除公式中的歧义。当通过逻辑联结词把一个复合命题与一个简单命题（或者另一个复合命题）连接在一起时，圆括号是确定各个联结词辖域的首要选择。对于一个比较复杂的复合命题，可能需要中括号，而对更加复杂的复合命题，则使用大括号来确定辖域。因此，最先使用小括号，然后是括号，最后为大括号。在专栏 11-2 中，我们列出了一些正确使用它们的例子。

专栏 11-2

标点符号

小括号　“( )”　如：$(P \cdot Q) \supset R$

中括号　“[]”　如：$\sim[(P \cdot Q) \supset R] \vee \sim S$

大括号　“{}”　如：$\sim\{[(P \cdot Q) \supset R] \vee \sim S\}$

复合命题（$P \cdot Q$）$\supset R$是一个条件式，而$P \cdot$（$Q \supset R$）是一个合取式。如果没有中括号，$P \cdot Q \supset R \vee \sim S$是有歧义的，因为在该公式中，哪个联结词是主联结词并不明确。它允许有两种解释，一种是条件式，另一种是析取式。最后，在$\sim \{[(P \cdot Q) \supset R] \vee \sim S\}$中，主联结词是最左边的否定，它影响着整个公式。这可与$\sim [(P \cdot Q) \supset R] \vee \sim S$进行比较。现在，在没有大括号的条件下，否定词的辖域是由中括号括起来的条件命题，而整个公式是一个析取式，而非否定式。

合式公式

一个公式表示一个命题。不论它是简单的还是复合的，只要它在我们正在使用的符号系统中是可接受的，它就是合式的。为了确定一个复合公式是否为合式公式，确定其真值联结词的**辖域**是至关重要的。

在否定的辖域内，紧跟的是简单或复合命题。否定是唯一一个一元联结词，其辖域或是简单命题，或是复合命题。对于其他联结词，在它们的辖域内均有两个公式（简单的或复合的）。合式公式通常需要标点符号来标识出各个联结词的辖域。

回想上述例 11-52b，即（$L \supset K$）$\cdot$（$K \supset L$）。它是包含两个条件式的合式公式，使用小括号来消除歧义。在这里，小括号是为了表明这个复合命题是由两个条件式的合取构成的。

即使两个公式中的命题符号完全相同，改变标点的位置也可以产生不同的命题。例如，我们考虑 $L \supset [K \cdot (K \supset L)]$。它是一个条件式，其前件为简单命题，后件为复合命题（是一个简单命题与一个条件命题的合取式）。如果它为假，那么可以引入否定词而得到 $\sim \{L \supset [K \cdot (K \supset L)]\}$。这些都是合式公式。但是，专栏 11-3 中的公式不是合式公式。

专栏 11-3

某些“不合式”的公式

$P \sim Q$

$P \sim$

$P \vee Q \cdot P$

复合命题的符号化

接下来，我们将仔细考察一些复合命题。首先，请考虑如下例子：

例 11-55　福克斯新闻在电视上播放。

因为在这个命题中没有联结词，所以例 11-55 可以被符号化为一个简单命题：

例 11-55a　F

与之不同的是，例 11-56 包含一个否定词，因此是复合的。例 11-56 可以被符号化为例 11-56a。

例 11-56 哥伦比亚广播公司的新闻不在电视上播放。

例 11-56a $\sim C$

现在考虑例 11-57，它是例 11-57a 的简化形式。

例 11-57 福克斯新闻在电视上播放，而哥伦比亚广播公司的新闻不在。

例 11-57a 福克斯新闻在电视上播放，而哥伦比亚广播公司的新闻不在电视上播放。

上面两个语句都是包含合取和否定联结词的复合命题。然而，它们的主联结词是合取，其辖域是整个复合命题。否定联结词的辖域仅仅是第二个命题。确定辖域的原则如下：

否定联结词的辖域总是那个紧跟在波浪形符号之后的命题。该命题可以是简单的或者复合的。在有些情况下，为了消除歧义，以获得一个正确的符号表达，我们需要使用标点来指明哪一个复合命题位于否定联结词的辖域之内。

在例 11-57 中，因为否定词的辖域非常明确，在对它进行符号化时，不需要使用小括号：

例 11-57b $F \cdot \sim C$

如果已知 F 和 C 都为真，那么上面这个公式的真值是什么？使用否定联结词的真值规则，可以知道$\sim C$为假，再使用合取的真值规则可以知道例 11-57 也为假。

接下来，让我们确定例 11-58 中的主联结词。

例 11-58　如果哈利（Harry）和马吉尔（Miguel）是球队的球员，那么比尔（Bill）就不能在队里。

例 11-58 是一个条件式，其前件和后件都是复合命题。我们可以用符号把它表示为：

例 11-58a　$(H \cdot M) \supset \sim B$

例 11-58a 的前件是 H 与 M 的合取式 $H \cdot M$，后件是 B 的否定式 $\sim B$。为了表明主联结词是条件形式，例 11-58a 的前件需要使用小括号，因为否定词的辖域很明显是 B。

假设 H 和 B 为真，M 为假，我们来计算上述公式的真值。给定这个假设，例 11-58a 是真的，因为其前件为假。在这种情况下，其后件 $\sim B$ 为假并不重要，为什么？因为依据条件式的真值规则，前件为假就足以使得整个条件式为真。例 11-58a 的前件是假的，因为其中一个合取支 M 是假的。我们回忆一下，依据合取式的真值规则，一个合取支为假就足以使得整个合取式为假。因为包含假前件的条件式为真，在当前这个假设下例 11-58a 为真。同时，用自然语言表示的相应句子，即例 11-58，也为真。

再考虑一个例子：

例 11-59　蝙蝠（Bats）是夜行动物，当且仅当“或者金鱼（Goldfish）是哺乳动物，或者金花鼠（Chipmunks）属于啮齿目”。

我们用“B”表示“蝙蝠是夜行性动物”，用“G”表示“金鱼是哺乳动物”，而用“C”表示“金花鼠属于啮齿目”。主联结词为条件联结词，其左边是一个简单命题，而右边是一个析取命题。例 11-59 可以用符号表示为：

例 11-59a　$B \equiv (G \vee C)$

令 B 和 C 为真，G 为假。由于已知 B 的值，为了确定整个双条件式的真值，我们需要知道 $G \vee C$ 的值。因为这个析取式至少有一个真的析取支 C，所以它是真的。由于例 11-59a 的支命题具有相同的真值，所以它是真的。

使用相同的符号，我们来表示下列两个命题：

例 11-60　并非“要么金花鼠属于啮齿目，要么它们不属于啮齿目”。

例 11-60a　$\sim (C \vee \sim C)$

例 11-61　下列情况是假的："蝙蝠是夜行动物”等价于“如果金鱼是哺乳动物，那么金花鼠属于并且不属于啮齿目”。

例 11-61a　$\sim \{B \equiv [G \supset (C \cdot \sim C)]\}$

对于命题 C、B 和 G，在与上述相同的赋值条件下，可以计算出例 11-60a 是假的。这是因为，当 C 为真时，析取式 $C \vee \sim C$ 为真，而例 11-60a 是该析取式的否定。同时，例 11-61a 也是假的，这是因为它是一个值为真的双条件式的否定式。在这个双条件式中，两个子公式具有相同的真值。因为 $[G \supset (C \cdot \sim C)]$ 的前件和后件都假，该条件式为真。

$C \cdot \sim C$ 为假，因为该合取式包含了一个假的合取支，$\sim C$。

下面是一些建议。在计算一个复合命题的真值时，如果已知各个简单命题的真值，可以依据如下步骤：

（1）在各个简单命题符号的下方标出该命题的真值。

（2）找出主联结词。它是最终结果将要被标记的地方。

（3）使用联结词的真值规则，先计算较复杂命题内部的相对简单的复合命题的真值，再计算外部命题的真值。

（4）假设你想计算 $\sim[(E \cdot L) \supset (M \vee \sim F)]$ 的真值，而且你知道 E 和 L 是真的，M 和 F 是假的。你可以按照步骤（1）～（3），建构图 11-1：

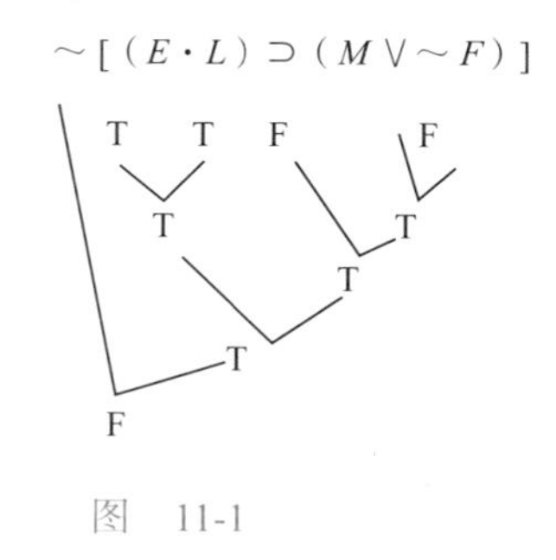

图　11-1

使用真值表定义联结词

接下来，我们讨论真值表。它可以被用于机动地确定一个复合命题的真值。但在进入这一话题之前，我们首先使用它来定义上述真值函项联结词。

否定。为了使用真值表来定义否定，需要记住如下规则：

> **专栏 11-4**
>
> **否定式的真值规则**
>
> 一个否定式是真的，当且仅当被否定的命题是假的；否则，它是假的。

真值表是通过如下方式来定义否定的：规定简单命题 P 的否定式 $\sim P$ 何时为真，何时为假。

P	$\sim P$
T	F
F	T

为了构造这样的真值表，我们首先在左上角写上不加否定联结词的 P，右上角写上 $\sim P$。然后在左边 P 下方的列中，写出 P 的所有可能的真值，即 T（真）和 F（假），因为：

> 对于任意命题，它要么为真，要么为假。

然后，在右边 $\sim P$ 下方的列中，写出相应的真值。这些真值是依据 P 的真值和否定式的真值规则，通过计算求得的。对于左侧列中的每一行，通过运用专栏 11-4 中的规则，可以得出右下方框所显示的真值：

第一行：当 P 为真时，$\sim P$ 为假。

第二行：当 P 为假时，$\sim P$ 为真。

其他真值函项联结词。为了定义其他真值函项联结词，首先要注意的是它们都涉及两个命题，且各个命题的真值均有两种可能：T（真）或 F（假）。这决定了写在真值表左侧各列中的真和假的数目。为了计算每一列中 T 和 F 的总数，我们使用公式 2^n。其中，2 表示任意命题具有两种可能的真值，n 表示出现在公式中的不同命题的数目。在否定式的定义中，只有一个命题，因此 n 等于 1，而 2^n 代表两个真值：一个是 T，一个是 F。但是，对于合取式、析取式、条件式和双条件，它们均包含两个命题，分别表示为 P 和 Q。这时，n 等于 2，而 2^n 代表每个命题被赋予四个真值。在左边第一列中，我们自上而下指派四个真值：T、T、F 和 F。在左边第二列中，自上而下指派 T、F、T 和 F。将要确定真值的那个公式位于表的右上方。在该公式的下面，每一行所填的真值是依据该行左边的真值和相应的真值规则通过计算而得到的。现在，我们为剩下的每一种复合命题构造真值表。

合取。为了使用真值表来定义这个联结词，需要记住如下规则：

专栏 11-5

合取式的真值规则

一个合取式是真的，当且仅当其合取支都是真的；否则，它是假的。

真值表的左侧有两列，每一个析取支被赋予四个真值，两个 T、两个 F。水平的四行是使用专栏 11-5 中的规则计算出来的真值组合。右侧方框中的结果表明一个合取式是真的，当且仅当它的两个合取支都为真。

$P\ Q$	$P \cdot Q$
T T	T
T F	F
F T	F
F F	F

析取。使用真值表定义这个联结词，需要记住如下规则：

专栏 11-6

析取式的真值规则

一个析取式是真的，当且仅当至少有一个析取支是真的；否则，是假的。

析取式真值表的左侧共有两列，每个析取都有四次赋值，两次 T、两次 F。水平的四行是使用专栏 11-6 中的规则计算出来的真值组合。最终的结果填写在右边那一列，其意义与析取联结词的定义相同；它表明一个析取式是真的，当且仅当，至少有一个析取支是真的。

$P\ Q$	$P \vee Q$
T T	T
T F	T
F T	T
F F	F

实质条件。为了使用真值表来定义这个联结词，请记住如下规则：

> 专栏 11-7
>
> **实质条件式的真值规则**
>
> 一个实质条件式是假的，当且仅当其前件为真，并且后件为假；否则，该实质条件式为真。

和前面一样，真值表的左侧有两列，每一列包含给前件（后件）赋予的四个真值，即两个 T 和两个 F。表中水平的四行是通过应用专栏 11-7 中的规则计算出来的可能的真值组合。右侧方框中的结果就等价于实质条件的定义。它表明：除前件真、后件假之外，在其他所有情况下，实质条件式均为真。

P Q	$P \supset Q$
T T	T
T F	F
F T	T
F F	T

实质双条件。为了使用真值表来定义这个联结词，需要记住如下规则：

> 专栏 11-8
>
> **实质双条件式的真规则值**
>
> 一个实质双条件式是真的，当且仅当它的两个支命题具有相同的真值；否则，它为假。

在这个真值表的左侧有两列，每一列给公式中的简单命题指派四个真值（两个 T 和两个 F）。四个水平的行是通过应用专栏 11-8 中的规则计算出来的。真值表的结果在右侧方框中。这个真值表就等价于实质双条件式的定义。该真值表表明，只有在双条件式的两个支命题具有相同真值的情况下（即它们要么皆为真，要么皆为假），它才是真的。

P Q	$P \equiv Q$
T T	T
T F	F
F T	F
F F	T

上述的五个真值表为五个真值函项联结词提供了定义。接下来，我们可以用类似的方法来确定其他复合命题的真值。

复合命题的真值表

复合命题的真值可以通过真值表确定。为了构造一个复合命题的真值表，首先要找出相应公式中的简单命题。然后，按照这些简单命题在公式中出现的顺序，把它们写在真值表的左上方。接着，以与上述相同的方式给每个简单命题指派真假值。最后，使用 2^n 来计算行的总数。例如，$F \cdot \sim C$ 的真值表是：

例 11-62

$F\ C$	$F \cdot \sim C$
T T	[F] F
T F	[T] T
F T	[F] F
F F	[F] T

位于这个真值表右侧的公式是 F 和 $\sim C$ 的合取，前者的值在左侧第一栏，后者的值是需要首先确定的。我们通过把否定式的真值规则应用于左侧第二列的每一行而得到 $\sim C$ 的值。一旦确定了 $\sim C$ 的真值，我们就把它们填入右侧的波浪符下方。然后，把合取式的真值规则应用于 F 的值（位于真值表的左侧）和 $\sim C$ 的值（位于波浪符下方），而得到该合取式的真值。我们把所得到的值写在合取符号（点）的下方，并用一个方框加以标记。在主联结词下方的这一列是最重要的，因为它提供了关于 $F \cdot \sim C$ 这一复合命题的真值的信息。它告诉我们这个复合命题为真，仅当“F”和“$\sim C$”均为真（如表中的第二行所示）。对于所有其他的真值指派，该命题均为假。

现在，我们为如下命题建构一个真值表：

例 11-58a　$(H \cdot M) \supset \sim B$

例 11-58a 的真值表是：

例 11-63

$H\ M\ B$	$(H \cdot M)$	$\supset$	$\sim B$
T T T	T	F	F
T T F	T	T	T
T F T	F	T	F
T F F	F	T	T
F T T	F	T	F
F T F	F	T	T
F F T	F	T	F
F F F	F	T	T

上述复合命题所对应的公式包含三个简单命题：H、M 和 B。它们的真值的所有可能组合显示在真值表的左侧。如前面所述，我们使用 2^n 来计算所需的行数。在这里，n 等于 3，因此需要八行。然后，我们把真假值指派给左侧的三个列。从最左侧的那个开始（位于 H 下方），位于顶部的一半是 T，位于底部的一半是 F。然后，到了左侧的中间这一列，与左侧的四个 T 对应，得到两个 T 和两个 F；与左侧的四个 F 对应，也得到两个 T 和两个 F。最后，对于左侧的最后一列，依据与上述相同的划分方法，可以得到 T、F、T、F、T、F、T、F。这个约定保证了我们可以得到真值的所有可能的组合。这样，位于最顶端的一行都是 T，位于最底端的一行都是 F，而位于中间的则是其他可能的组合。

当我们输入这些值之后，再来查看右上角的那个复合命题公式。它是一个条件式。因此，它的主联结词是“⊃”。在它的下方，将放置最终的结果（位于方框中）。但是，只有在先找到了前件 $H \cdot M$ 和后件 $\sim B$ 的可能的真值之后，才能确定该条件式的可能的真值。那些真值构成了位于“·”和“～”下方的列。最后一步是把该条件式的真值规则应用于这两列。

专栏 11-9

复合命题的真值表

在一个真值表中，指派给左侧各个简单命题的真值数目取决于待求解的公式（位于右侧上方）中出现的不同命题的数目。对于任何一个简单命题，只有两种可能的真值（真和假）。因此，对于像～*P*这样的复合命题，只需要两行。但是，随着命题的增加，依据公式 2^n 计算得来的真值数目要相应增加：当 n 等于 2 时，需要四行；当 n 等于 3 时，需要八行；当 n 等于 4 时，需要十六行，以此类推。对于例 11-62，需要四行。此外，为了确保能够得到所有可能的真值组合，我们采用如下约定：在最左侧字母下方的那一列，位于顶部的一半是 T，位于底部的一半是 F；然后，按照前面例子中阐述的模式，自左向右指派各个列中的真值。

逻辑必然和逻辑偶然命题

偶真式

关于真值表例 11-62 和例 11-63 右侧复合命题的真值，我们学到了什么呢？我们学到的是：它们既不是必然的真，也不是必然的假，而是有时为真，有时为假。这取决于简单支命题的真值和逻辑联结词。具有这类真值的命题是偶然命题。一个复合命题是偶真式，当且仅当，其真值表中主联结词下面至少有一行是真，有一行是假。在例 11-63 中，至少有一个 T 和一个 F 位于“⊃”的下方。在例 11-62 中，同样至少有 T 和一个 F 位于“·”的下方。依据这一结果，这两个复合命题都是偶真式。

矛盾式

矛盾式是一种复合命题，总是为假。矛盾式的值可以依据形式来确定，即它与各个支命题的实际真值无关。在矛盾式的真值表中，位于主联结词下方的都是 F。请看下面的例子：

例 11-64　$B \equiv \sim B$

因为例 11-64 只包含命题 B（它出现了两次），由 2^1 可知需要两行，一行是 T，一行是 F。因此，我们得到如下真值表：

例 11-65

B	$B \equiv \sim B$
T	F F
F	F T

这一真值表表明，例 11-64 是一个矛盾式。

重言式

有些命题是重言式：仅通过形式就可以断定它们总是真的（与各个支命题的实际真值无关）。在一个重言式的真值表中，位于其主联结词下方的都是 T。上述例 11-64 的否定就是重言式，即：

例 11-66　$\sim(B \equiv \sim B)$

依据这个命题的真值表，可知位于该公式主联结词下方的都是 T：

例 11-67

B	$\sim$	$(B \equiv$	$\sim B)$
T	T	F	F
F	T	F	T

例 11-67 给出了例 11-66 的真值，确证了它是重言式。逻辑中著名的重言式是所谓的**排中律**（即 $P \vee \sim P$）与**不矛盾律**［即$\sim(P \cdot \sim P)$］。为了进一步练习，分别为它们构造一个真值表，来检验它们是否的确为重言式。最后，请记住如下要点：

专栏 11-10

矛盾式、重言式和否定

矛盾式的否定是重言式，重言式的否定是矛盾式。

第 12 章 CHAPTER12

核查命题逻辑论证的有效性

用真值表检查有效性

正如我们看到的，真值表可以提供确定一个复合命题是否重言、矛盾或者偶真式（或然式、可满足式）的程序，而且，这是一种可行方式，在有穷步骤内应用特定规则就可以产生结果。但是，这里将要详细阐释真值表的另一个用途：真值表可以使我们机动地确定一个论证形式是否有效。考察下列论证：

例 12-1　1. 水牛（buffalo）或者丛林狼（coyotes）是食草动物。

2. 水牛是食草动物。

3. 丛林狼不是食草动物。

为了确定例 12-1 是否有效，首先需要获得它的论证形式。第一步，我们把例 12-1 的前提和结论翻译成标准的符号语言，可以得到：

例 12-1a　1. $B \vee C$

2. B

3. $\sim C$

第二步，使用逗号断开前提，在结论前面填上“∴”，读作“所以”，把上述纵向排列形式转化成如下横向排列形式：

例 12-1b　$B \vee C$，$B \therefore \sim C$

现在可以使用真值表检测这一形式的有效性。首先，我们在真值表的右上角输入上述公式，左上角输入公式中出现的所有简单命题。其次，依据 2^n 计算所有简单命题的真值组合，这个公式的值应该是 2^2（因为出现的简单命题只有 B 和 C）。完成这些之后，我们集中考察表示前提和结论的较短的公式，并依次计算出它们的真值。按照第 11 章所描述的标准方式进行计算。最后一步，我们（按照本章将要解释的方式）检查上述论证是否有效。检查上述例 12-1 有效性的真值表是：

例 12-2

B C	$B \vee C$,	B	$\therefore \sim C$
T T	T	T	F
T F	T	T	T
F T	T	F	F
F F	F	F	T

例 12-2 中表示前提和结论的所有公式的值都被计算出来了。如何做到这一点呢？可以如此推理：第一个前提是析取式，已知 B 和 C 的真值，应用析取的真值规则可以计算出整个析取式的真值。楔形符号下面，右边第一栏表示的是计算的结果。因为第二个前提 B 是简单命题，我们不可能使用联结词的真值规则计算它的真值。因此，它的值与左边第一栏相同。也就是说，我们只要把那些真值转移到表的右边即可（这一步可以省略，因为 B 的值就在左边第一栏，可以直接使用）。然后在 C 的真值上面，即左边第二栏上应用否定词的规则计算 $\sim C$ 的值。如真值表右边第三栏所示，我们要在波浪线下填写计算结果。现在可以检查右上方的形式是否有效。为了确定这一点，我们横向浏览 $B \vee C$, B 以及 $\sim C$ 的值（忽略列）。找出前提 $B \vee C$ 以及 B 都真，但结论 $\sim C$ 为假的那一行。恰好就是第一行。这就表明公式所表示的论证形式无效，原因如下：

如果检测某一论证形式的真值表至少有一行是前提真、结论假，那就证明这个形式无效。

专栏 12-1

真值表与有效性有什么联系

有效性与真值表之间的关系仅是：

（1）如果一个论证有可能是所有前提都真，但结论假——也就是说，真值表有一行或多行是如此情况——那么它就是无效式。

（2）但如果上述情况不可能发生——也就是说，真值表没有这么一行——那么它就是有效式。

（如果一个论证形式有可能是所有前提都真但结论假，那么从前提推不出结论。）

上述真值表的第一行（如箭头所示）证明了需要检测的形式的无效性（依据专栏 12-1 中指出的基本原理）。我们以这种方式证明例 12-1 是无效式。可以建构类似的真值表证明任何具有相同形式的不同论证的无效性。例如，

例 12-3　要么是媒体提高了大众的自觉性，要么是大众的观点导致了公共政策。

因为媒体提高了大众的自觉性，所以，并非大众的观点导致了公共政策。

因为这个论证与上述例 12-1 具有相同形式，任何检测有效性的正确真值表都将与例 12-2 相同（作为练习，自己应建构这样一个真值表）。

现在使用一个真值表检测另一个论证的有效性：

例 12-4　1. 如果萨莉在总统选举中投了票，那么她就是公民。

2. 萨莉不是公民。

3. 萨莉没在总统选举中投票。

这个论证的形式是：

例 12-4a $M \supset C$，$\sim C$ $\therefore \sim M$

首先需要注意的是，这个论证形式包括两个简单命题，M 和 C，并且分别出现了两次。因此，真值表的左边只需要四个值（两真，两假），共有四行。其次，计算例 12-4a 前提和结论的真值。它们都是复合命题，真值情况将在联结词下面排列：第一个前提的真值排列在“⊃”下面；第二个前提和结论的真值排列在“～”下面。这个论证并不包括简单命题，因此，为了检测有效性，我们仅需浏览联结词下面每一栏的每一行：前提栏是在“⊃”和“～”下面，结论是在“～”下面。最后我们要找出所有前提都真，但结论为假，即表示无效性的那一栏。但真值表中并没有这一行。

例 12-5

M C	$M \supset C$,	$\sim C$ $\therefore$	$\sim M$
T T	T	F	F
T F	F	T	F
F T	T	F	T
F F	T	T	T

没有这一行意味着例 12-4 和例 12-4a 都有效。这个测试可以证明有效性是因为真值表穷尽了所有可能的前提与结论的真值组合，而且没有哪一行显示前者为真、后者为假。因此，具有例 12-4a 这一形式的所有论证，从其前提可以推出

结论。考察以下论证：

例 12-6　如果蒂娜·黑尔教授在利物浦大学，那么她就在英国工作。蒂娜·黑尔教授并不在英国工作，因此，蒂娜·黑尔教授不在利物浦大学。

例 12-7　如果地球不是行星，那么火星也不是。但火星是行星，因此，地球也是。

自行练习建构一个真值表来检测它们的有效性。你会发现最终结果与上述例 12-5 完全相同。

再看一个较复杂的论证。

例 12-8　因为法国不是联合国成员，可以推出英国也不是。因为，如果法国不是，那么荷兰或者英国是。

可以把例 12-8 解释为

例 12-8a　1. 法国不是联合国成员。
　　　　　2. 如果法国不是，那么荷兰或者英国是。
　　　　　————————————————
　　　　　3. 英国不是联合国成员。

其形式是

例 12-8b　$\sim F, \sim F \supset (N \vee B) \therefore \sim B$

测试例 12-8b 的有效性，首先需要注意，其中出现了三个简单命题，真值表将有八行。在真值表左边写下这些简单命题真值的所有可能组合之后，计算前提和结论的真值，在右边联结词下面输入计算结果。下面是真值表，箭头指向的行表明这个形式无效：

例 12-9

$F\ N\ B$	$\sim F$,	$\sim F$	$\supset$	$(N \vee B)$	$\therefore \sim B$	
T T T	F	F	T	T	F	
T T F	F	F	T	T	T	
T F T	F	F	T	T	F	
T F F	F	F	T	F	T	
F T T	T	T	T	T	F	←
F T F	T	T	T	T	T	
F F T	T	T	T	T	F	←
F F F	T	T	F	F	T	

例 12-9 右边较复杂的公式表示的是论证的第二个前提：它包含三个联结词。如何确定哪个是最主要的？通过仔细阅读和括号来确定：后者告诉我们$\sim F$和（$N \vee B$）通过$\supset$连接。但为了确定$\supset$下面一栏的真值，首先需要知道其前件$\sim F$和后件$N \vee B$的真值情况。在真值表左边的F上使用否定词的真值规则就可以确定$\sim F$的真值，之后在$\sim F$——第一个前提下面输入那些值（也可以不写）。依据左边N和B的真值，使用析取规则计算出$N \vee B$的值。计算$\sim B$真值的方式与计算$\sim F$的类似。完成这些工作后，我们只需要浏览真值表右边表示前提和结论真值的行。向自己发问：是否存在两个前提都真，但结论为假的行？答案是肯定的！一共有两行：第五行和第七行。这就证明例 12-8b 无效，而任何具有这一形式的论证，如例 12-8 就是无效的。

专栏 12-2

如何使用真值表检测有效性

（1）使用真值表去检查一个论证的有效性时，首先在右上方写上刻画论证形式的那个公式。

（2）公式中出现的所有不同种类的命题都位于真值表的左上方。

（3）公式下面的行穷尽了所有前提与结论真值的可能组合。

（4）为了确定一个论证形式是否有效，必须浏览公式下面的所有行。

（5）如果有一行显示前提真而结论假，这就证明该论证形式无效。

（6）如果没有这一行，论证形式就是有效的。

一些标准的有效形式

正如我们在第 5 章看到的，任何一个具有有效形式的论证本身也是有效的，可以看作这个形式的替换例或事例。任何一个无效形式的代入例本身也是无效的。然而，命题逻辑系统具有大量的无效或有效形式。因此，仅仅通过辨识某一论证是一个有效式或无效式的例示是不可能学到命题逻辑系统中论证的有效性或无效性知识的。但能够辨识一些最常见的有效式或无效式也是非常有益的。我们将重新考察第5章已经介绍过的五种形式，学习如何认出例示那些形式的论证。

肯定前件式

肯定前件式是一种常见有效式，它的一个前提是条件句，另一个前提是条件句前件的肯定，结论是后件的肯定。如：

例 12-10 1. 如果乔斯是消防员，那么他就为消防队工作。
2. 乔斯是消防员。
3. 乔斯为消防队工作。

这个论证举例说明了"肯定前件式"（字面意义是"肯定的模式"）这一有效式，其符号表示是：

例 12-10a 1. $P \supset Q$
2. P
3. Q

因为实质条件句的前件表达的是后件的充分条件，前件在肯定前件式中被断定为真，任何具有这一形式的论证都有效。换句话说，如果 P 蕴涵 Q 为真，并且 P 为真，那么 Q 必然为真。具有这一形式的论证的有效性可以通过真值表例 12-11 证明。

例 12-11

P Q	$P \supset Q, P \therefore Q$		
T T	T	T	T
T F	F	T	F
F T	T	F	T
F F	T	F	F

可以看出，这个真值表中并没有两个前提都真，但结论为假的行。

否定后件式

另一种常见的有效形式是否定后件式（字面意思是“否定的模式”）。如果一个论证包含两个前提，一个是条件句，另一个是对条件句后件的否定，那么这个论证就是否定后件式的代入例。结论是对条件前提的前件的否定。如：

例 12-12　1. 如果铜是一种稀有金属，那么就很昂贵。
2. 铜并不昂贵。
―――――――
3. 铜不是稀有金属。

这个论证的形式是否定后件式，可表示如下：

例 12-12a　1. $P \supset Q$
2. $\sim Q$
―――――――
3. $\sim P$

实质条件句中，后件表达的是前件的必要条件。如果 Q

对 P 是必要的，那么若非 Q，则非 P。换句话说，否定一个前提的后件可以推出否定其前件。如下表表明，任何否定后件式的代入例都是有效的：

例 12-13

$P\ Q$	$P \supset Q$,	$\sim Q$	$\therefore \sim P$
T T	T	F	F
T F	F	T	F
F T	T	F	T
F F	T	T	T

换质位

换质位论证的前提是一个单称的条件句，结论不仅交换了条件句前后件的位置，而且改变了前后件的质，这个论证具有的就是换质位形式，如：

例 12-14 1. 如果安娜是一名革命者，那么她就反对建立秩序。

2. 如果安娜不反对建立秩序，那么她就不是一名革命者。

例 12-14 的形式正是换质位，因为：

例 12-14a 1. $P \supset Q$

2. $\sim Q \supset \sim P$

例 12-14a 使我们认识到，因为例 12-14 的形式有效，所以论证本身也是有效的。为什么有效？与否定后件式类似：

因为 Q 是实质条件句的后件，是其前件 P 的必要条件。因此，如果 Q 假，P 一定假。换质位的有效性可由下列真值表表明：

例 12-15

P Q	$P \supset Q$	$\therefore \sim Q$	$\supset$	$\sim P$
T T	T	F	T	F
T F	F	T	F	F
F T	T	F	T	T
F F	T	T	T	T

假言三段论

之所以称为假言三段论，是因为这种论证有两个前提（与三段论相同），而且其前提（和结论）都是假言或条件命题。如：

例 12-16　1. 如果伊莱恩是新闻报道者，那么她就是记者。
2. 如果她是记者，那么她就知道如何写作。
3. 如果伊莱恩是新闻报道者，那么她就知道如何写作。

其形式如下：

例 12-16a　1. $P \supset Q$
2. $Q \supset R$
3. $P \supset R$

例 12-16a 使我们明白，例 12-16 具有假言三段论这一有效形式。

仔细考察这个形式就会发现前提 1 的后件是前提 2 的前件，而前提 1 的前件与前提 2 的后件分别是结论的前件和后件。显然，因为条件命题的前件表达的是后件的充分条件，Q 又是 P 的充分条件，这可以推出 P 是 R 的充分条件。例 12-16 是这个形式的代入例，因此是有效的。下列真值表可以表明假言三段论的有效性：

例 12-17

$P\ Q\ R$	$P \supset Q$	$Q \supset R$	$\therefore P \supset R$
T T T	T	T	T
T T F	T	F	F
T F T	F	T	T
T F F	F	T	F
F T T	T	T	T
F T F	T	F	T
F F T	T	T	T
F F F	T	T	T

析取三段论

最后，我们要讨论一种不涉及条件前提的有效论证形式：析取三段论。之所以称为析取三段论，是因为它有两个前提（与三段论相同），并且其中一个是析取式。一个前提表达的是析取式，另一个是对析取式的一个析取支的否定，这可以导出结论是另一个析取支的肯定。如：

例 12-18　1. 我的汽车要么是被警察拖走了，要么是被偷了。
2. 我的汽车并没有被警察拖走。
3. 我的汽车是被偷走了。

例 12-18 是析取三段论的一个代入例。由于否定的析取支不同，析取三段论又可以分为以下两种形式，它们之一可以精确地刻画例 12-18：

例 12-18a 1. $P \vee Q$
2. $\sim P$
3. Q

例 12-18b 1. $P \vee Q$
2. $\sim Q$
3. P

因为例 12-18 否定的是析取前提的第一个析取支，所以正确形式应是例 12-18a。但无论是哪种形式，根本原则是：已知相容析取的真值函项定义，如果相容析取前提为真，但其中一个析取支为假，就可以推出另一个析取支为真。因此，正如下列真值表可以证明，任意具有例 12-18a 或例 12-18b 形式的论证都有效：

例 12-19

$P\ Q$	$P \vee Q$,	$\sim P$	$\therefore \sim Q$
T T	T	F	T
T F	T	F	F
F T	T	T	T
F F	F	T	F

更复杂的有效代入例

当着手分析命题逻辑系统中的论证时，能够辨识上述五种基本的有效形式将是非常有益的。只要某个论证具有上述形式之一，它就有效，不需要进一步的程序！一个论证有效，只要其前提和结论所反映的形式有效即可。这就意味着一个有效论证的前提和结论除主要反映有效形式中的前提和结论之外，还在描述联结词方面起到了十分重要的作用。只要形式和论证的主联结词完全相同就没有问题。以下是我们在判定某一论证具有何种形式时需要识记的几点内容：

（1）一个具体论证，其前提的顺序与它本身是否具有肯定前件、否定后件、假言三段论或析取三段论形式这一问题无关。

（2）联结词除标准的表述之外，还有其他表述方式。

（3）双重否定可以消去。因此，任何不包含否定的命题都可以解释为具有双重否定的命题。

（4）一个有效论证除与基本的有效形式中的主联结词对应之外，还要与形式中的其他部分对应。

下列论证可以说明（1）和（3）：

例 12-20 如果跳蚤是微生物，那么就是裸眼不可见的。但跳蚤是裸眼可见的，因此，它们不是微生物。

例 12-20 这个论证是否定后件式的代入例：

例 12-20a 1. E

$$
\begin{array}{l}
2.\ M \supset \sim E \\
\hline
3.\ \sim M
\end{array}
$$

依据（3），前提1中的E等价于$\sim\sim E$，即2的后件——$\sim E$的否定。而结论3是对前件的否定。依据（1），这正是否定后件式！

以下论证可以例证（2）：

例12-21　1. 只有空袭结束，军舰才可以起航。

2. 空袭没有结束。

---

3. 军舰不能起航。

一旦使用“如果……那么”这样的标准形式替换“只有……才”，那么例12-21显然是否定后件式的代入例，论证形式是：

例12-21a

$$
\begin{array}{l}
1.\ C \supset O \\
2.\ \sim O \\
\hline
3.\ \sim C
\end{array}
$$

为什么例12-21的第一个前提可以表示为$H \supset L$的形式？因为“只有……才”是条件句的另一种日常语言表达方式。例12-21中，条件句的前件是“只有”命题之后的命题，后件就是“只有”命题。回顾第11章所讲的复合命题，温习真值函项联结词不同表达方式的知识。但是，还有另一个与（1）相关的例子，这次是用“除非”而不是“或者”表达析取。一旦知道什么词与"除非"等价，就能辨识例 12-22 析取三段论的形式是例 12-22a：

例 12-22
1. 乔治今晚会看《辛普森一家》，除非他去踢球。
2. 他今晚不踢足球。
3. 乔治今晚会看《辛普森一家》。

例 12-22a
1. $G \vee F$
2. $\sim F$
3. G

与上述（1）和（3）相关的另一个例子如下：

例 12-23
1. 艾迪是银行雇员蕴涵他有工作。
2. 艾迪只有是银行雇员，才可以是银行支票员。
3. 艾迪是一名银行支票员蕴涵他有工作。

前提的顺序（上例是倒置）以及"蕴涵"和"只有……才"，都不妨碍把例 12-23 看作假言三段论的一个代入例。一旦我们按照逻辑顺序排列前提，使用形如例 12-23a 中的符号语言表示上述论证。如例 12-23 所示，令 E 表示"艾迪是银行雇员"，B 表示"艾迪是银行支票员"，J 表示"艾迪有工作"，一旦我们依照逻辑顺序重新排列前提，并把例 12-23 翻译成符号语言，前述观点就是显然的。

例 12-23a
1. $E \supset B$

2. $B \supset J$

3. $E \supset J$

现在，考察以下论证以及它们的形式表征：

例12-24 1. 哥斯达黎加是一个和平的国家，而且这个国家没有军队。

2. 哥斯达黎加只有没有公众骚乱，才是一个和平并且没有军队的国家。

3. 哥斯达黎加没有公众骚乱。

例12-24a 1. $C \cdot \sim A$

2. $(C \cdot \sim A) \supset \sim N$

3. $\sim N$

例12-25 1. 乔伊要么在欧洲受审，要么被引渡美国。

2. 乔伊要么在欧洲受审，要么被引渡美国，蕴涵他辩护失败而且不是自由身。

3. 乔伊辩护失败而且不是自由身。

例12-25a 1. $J \vee E$

2. $(J \vee E) \supset (D \cdot \sim F)$

3. $D \cdot \sim F$

严格地从前提与结论之间的主联结词的角度看，上述两个论证都是肯定前件式的代入例。因为两个论证都由一个条件前提（恰好是第二个前提）以及条件前提前件的肯定（恰好是第一个前提）构成。一个论证中，前提的排列顺序以及前提本身是包含若干联结词的复合命题，这两点都不会影响整个论证成为肯定前件式的代入例。

一些标准的无效论证形式

我们已经看到，有很多种缺陷可以导致论证不成立。不同缺陷构成了所谓的谬误，包括已经讨论过的非形式谬误。现在，我们来讨论它们在命题逻辑系统中的表现形式，包括一些形式谬误（如图 12-1 所示）。

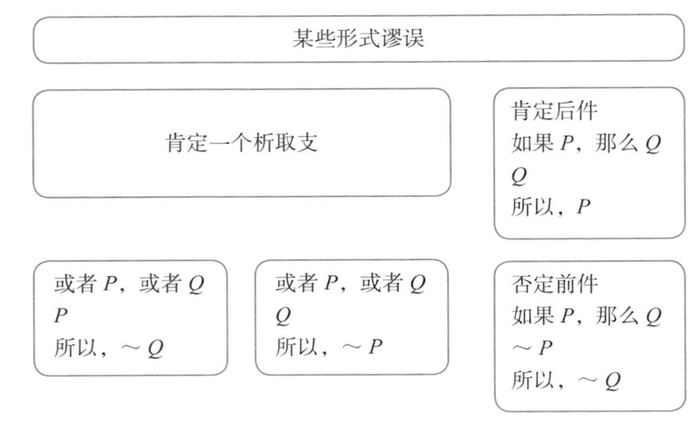

图 12-1 无效的论证形式

所有形式谬误都与有效式非常类似，但又有某种程度上的区别。因此，它们是无效的演绎论证形式的代入例。一个论证是无效的，当且仅当具有这一形式的论证有可能前提真而结论假。为了证明一个论证形式的无效性，只需找到一个具有相同形式的论证具有真前提和假结论。如：

例 12-26　1. 如果信使来了，钟会在中午响起。
　　　　　2. 钟在中午响起。
　　　　　———————————
　　　　　3. 信使来了。

这个论证是无效的，因为其前提为真、结论为假是可能的。即使在有些例子中，前提和结论在某种情形下都是真的，也会存在其他情形。其中，具有相同形式的论证可能具有真前提和假结论。

假设信使没来，但钟确实在中午响了，尽管钟是被邻居敲响的。此时，例 12-26 的前提都为真，但结论为假。因此，当前这个情形就等价于可以显示例 12-26 无效的反例。

在现实生活中，我们通常都会找到一个反例证明特定论证的无效性。但我们也可以不用反例，因为说明一个论证无效，只需描述一个“可能世界”（可以是，也可以不是现实世界——仅仅是一个内部没有矛盾的情境）。其中，具有相同形式的论证可能具有真前提和假结论。

因此，一个论证的无效性可以通过上述方式证明：试图描述一个可能情境，其中，当前讨论的论证前提真、结论假。如果提不出这样的情境，可以先抽象出论证形式。例 12-26 的形式如下：

例 12-26a　1. $P \supset Q$
　　　　　　2. Q
　　　　　　———
　　　　　　3. P

然后找到一个具有相同形式的论证，在某一可能情形中前提为真，结论为假。如，

例 12-27 1. 如果贝拉克·奥巴马是共和党，那么他就是一个政党的成员。
2. 他是一个政党的成员。
3. 贝拉克·奥巴马是共和党。

例 12-27 表明在现实世界，一个具有相同形式的论证（如例 12-27）具有真前提和假结论。依据无效的定义，例 12-27 无效。它等价于任何具有相同形式论证的反例。

肯定后件

上述无效论证都是肯定后件式的代入例。

> 肯定后件谬误是指一个论证具有一个条件句前提，另一个前提肯定了条件句的后件，其结论是对条件句前件的肯定。

肯定一个命题就等于说它为真。犯了这一谬误的论证所肯定的是一个实质条件句的后件。后件总是表达前件的必要而非充分条件。所以，后件的真绝不能确保前件（结论）的真。以下是一个较复杂的肯定后件的示例：

例 12-28 1. 如果奥尔森一家是猎鹿者，那么，若他们

打猎，则不打野鸡。

2. 若奥尔森一家打猎，则不打野鸡。

3. 奥尔森一家是猎鹿者。

例12-28a 1. $O \supset (H \supset \sim A)$

2. $H \supset \sim A$

3. O

与任何肯定后件式的代入例相同，例12-28也是无效的。这一形式的无效性可通过如下真值表说明：

例12-29

$P\ Q$	$P \supset Q$	Q	$\therefore P$	
T T	T	T	T	
T F	F	F	T	
F T	T	T	F	←
F F	T	F	F	

正如你能看到，这个真值表中有一行是前提都真，但结论为假。

专栏12-3

如何避免肯定后件式谬误

在肯定前件式中，一个前提肯定的是另一个前提的前件（而不是后件），同时结论肯定的是其后件。

因此，要谨慎对待看起来像但实际上不是肯定前件式的论证，因为其条件前提的后件被另一个前提所肯定（而它的后件由结论肯定）。

否定前件式

一种形式谬误是否定前件式。

否定前件式是这样一种谬误，其中一个前提是条件形式，另一个前提是条件前提前件的否定，结论是条件前提后件的否定。

假设我们遇到了如下论证：

例 12-30 1. 如果奥斯卡是波士顿交响乐团的提琴手，那么他就懂乐谱。
2. 事实上，奥斯卡并不是波士顿交响乐团的提琴手。
3. 他不懂乐谱。

显然，这个论证无效。“奥斯卡是波士顿交响乐管弦乐队的提琴手”是“懂乐谱”的充分条件（如果他在该乐团，那么就懂乐谱），但不是必要条件，因为有很多不在该乐团中的人都懂乐谱。因此，“他不懂乐谱”不能被必然地推出。简而言之，例 12-30 无效，因为它犯了否定前件谬误。更普通地说，任何例示这一谬误的论证都是无效的，因为否定条件前提的前件等于说前件假。但实质条件句的前件表达的是后件的充分条件：所以前件假，结论可能是真的。因此，否定条件句的前件不能推出后件的否定。上述论证就是否定前件式的代入例。任何犯了这类谬误的论证都具有以下形式：

例 12-30a　1. $P \supset Q$

2. $\sim P$

3. $\sim Q$

否定后件的无效性可通过真值表例 12-31 得到说明：

例 12-31

P Q	$P \supset Q$,	$\sim P$	$\therefore \sim Q$	
T T	T	F	F	
T F	F	F	T	
F T	T	T	F	←
F F	T	T	T	

专栏 12-4

如何避免否定前件式谬误

在否定后件式中，条件前提的后件被另一个前提否定（结论正是对前件的否定）。

因此，谨慎对待看起来像但实际上不是否定后件式的论证，因为其条件前提的前件被另一个前提所否定（同时论证的结论是后件的否定）。

肯定一个析取支

另一种形式谬误是“肯定一个析取支”。

犯“肯定一个析取支”谬误的论证，特征是其中一个前提是相容析取，另一个前提肯定了前者的一个析取支，结论是对另一个析取支的否定。

肯定一个析取支是无效形式，则是因为，我们是在相容意义上（即，P 或者 Q，或 P 并且 Q）理解“或者”的。除两个析取支都为假外，相容析取在其他情况下都是真的。因此，假设一个相容析取为真，否定其中一个析取支（即说它为假），可以推出另一个析取支一定为真。但肯定一个析取支（说它为真）并不能推出另一个析取支的否定，即不能推出另一个析取支为假。（在不相容析取的情况下，“肯定一个析取支”并不是谬误。）如：

例 12-32　1. 我的汽车或者被警察拖走了，或者被偷了。
2. 事实上，我的汽车被警察拖走了。
―――――――――――――――
3. 我的汽车没被偷走。

两个前提都为真的情况下，上述结论有可能为假吗？有可能！一种可能情况是，盗窃犯在晚上撬开了汽车，然后非法停车，因此被警察拖走。如果是这种情况，例 12-32 的前提就都是真的，但结论为假。因此，结论并不必然地从前提推出——也是推不出的。因此，论证无效。任何具有下述一种形式的论证都会犯这样的谬误：

例 12-32a　Ⅰ　1. $P \lor Q$

2. P

3. $\sim Q$

Ⅱ　1. $P \lor Q$

2. Q

3. $\sim P$

因为例 12-32 中的“或者……或者……”是相容析取，肯定其中一个选言支并不能推出否定另一个。从相容析取的角度看，上述两种形式都无效。肯定一个析取支的无效性可通过下列真值表说明：

例 12-33

$P\ Q$	$P \lor Q$	P	$\therefore \sim Q$	
T T	T	T	F	←
T F	T	T	T	
F T	T	F	F	
F F	F	F	T	

现在已经识别出了与三种形式谬误对应的无效论证形式。如果一个论证具有上述形式之一，那么并不需要通过真值表判定它是否有效。仅需指出这个论证具有：肯定后件、否定前件或肯定一个析取支的形式即可。如果你能区分这三种无效式和之前讨论的五种有效式，那么就会比较容易地区分无效论证和有效论证。

专栏 12-5

如何避免“肯定一个析取支”谬误

注意，析取三段论的前提否定的是另一个前提的析取支，结论肯定的是另一个析取支。

因此，要谨慎对待看起来像但实际上不是析取三段论的论证，因为其前提肯定的是另一个前提的析取支，而结论否定的是剩下的析取支。

一种证明有效性的简明方法

上文讨论的一些有效论证形式通常被用作有效性证明中的基本推理规则。这是一种程序，旨在展示一个命题逻辑有效论证的结论是如何从其前提一步一步推导出来的。假设一个论证事实上是有效的，可以通过建构一个证明显示这一点。在准备构造这类证明之前，我们将补充一些基本的有效形式和替换规则，使我们拥有足够多的证明所需要的推理规则。

基本原则

为了建构有效性证明，我们需要一些有效论证形式以及一些复合命题之间的等价关系。前者可以作为推理规则，使我们从一个前提或多个前提推出结论。后者可以作为替换原则，允许我们使用一个表达式替换另一个与之等价的表达式。我们的规则可表示如下：

基本的推理规则

（1）肯定前件式（MP）	$P \supset Q$，$P \therefore Q$
（2）否定后件式（MT）	$P \supset Q$，$\sim Q \therefore \sim P$
（3）假言三段论（HS）	$P \supset Q$，$Q \supset R \therefore P \supset R$
（4）析取三段论（DS）	$P \vee Q$，$\sim P \therefore Q$
（5）简化律（Simp）	$P \cdot Q$，$\therefore P$
（6）合取律（Conj）	P，$Q \therefore P \cdot Q$
（7）附加律（Add）	$P \therefore P \vee Q$

基本的替换规则

（8）换质位（Contr）	$(P \supset Q) \equiv (\sim Q \supset \sim P)$
（9）双重否定（DN）	$P \equiv \sim\sim P$
（10）德摩根律（DeM）	$\sim(P \cdot Q) \equiv \sim P \vee \sim Q$ $\sim(P \vee Q) \equiv \sim P \cdot \sim Q$
（11）交换律（Com）	$(P \vee Q) \equiv (Q \vee P)$ $(P \cdot Q) \equiv (Q \cdot P)$
（12）实质条件的定义（Cond）	$(P \supset Q) \equiv (\sim P \vee Q)$
（13）实质等价的定义（Bicond）	$(P \equiv Q) \equiv [(P \supset Q) \cdot (Q \supset P)]$ $(P \equiv Q) \equiv [(P \cdot Q) \cdot (\sim P \supset \sim Q)]$

什么是有效性证明

有效性证明可以是形式的，也可以是非形式的。在一个形式化的有效性证明中，推出关系是指在一个逻辑系统内部严格获得的某些合式公式之间的关系，这些公式不必具有一个自然语言（英语、葡萄牙语或普通话）解释。而且，形式证明所使用的基本推理和替换规则可以证明任意从命题逻辑有效论证的前提推出的结论。非形式证明中的推出关系是自然语言可表达的特定命题之间的关系。如果推出的证明仅涉及公式，那么可以假设在那些公式中有一个自然语言的解释。另外，使用非形式方法的基本规则不能为所有命题逻辑有效的论证提供一个有效性证明。

尽管我们为了方便，在构造一些论证的有效性证明时使用的是符号语言，但可以假设那些论证都有一个自然语言解释。对于自然语言表达的有效论证，首先把它翻译为符号语言。然后使用上述规则证明它们的有效性。这些规则可以用于证明许多论证的命题逻辑有效性，下文将会讨论如何使用规则证明有效性。

无论形式方法还是非形式方法，所有有效性证明都要求在对前提使用一个或多个推理和替换规则之后，原则上是可以推出结论的。这些规则被公认是“基本”的。（因为这个系统内的任何证明都至少需要预设几个基本的、在本系统内不能证明的规则。）

如何构造一个有效性证明

现在使用上述基本规则证明下列论证的有效性：

例 12-34 爱丽丝和卡洛琳将都在明年毕业。但如果卡洛琳明年毕业，那么吉赛尔就会获得奖学金，当且仅当爱丽丝明年毕业。因此，要么吉赛尔会获得奖学金，当且仅当爱丽丝明年毕业，要么海伦会是致告别辞的优秀毕业生。

首先把这个论证翻译为如下符号语言：

例 12-34a $A \cdot C$，$C \supset (G \equiv A)$ $\therefore (G \equiv A) \vee H$

现在可以证明这个论证的结论，$(G \equiv A) \vee H$ 可从前提推出。如何证明？仅对例 12-34a 的前提应用基本的推理和替换规则。从例 12-34a 的前提演绎出结论的四个步骤（3、4、5、6）分别是：

例 12-34b

1.	$A \cdot C$	
2.	$C \supset (G \equiv A)$	$\therefore (G \equiv A) \vee H$
3.	$C \cdot A$	1——交换律
4.	C	3——简化律
5.	$G \equiv A$	2、4——肯前式
6.	$(G \equiv A) \vee H$	5——附加律

第 3 行是对前提 1 使用交换律（参看上述交换律规则），从而演绎出 $C \cdot A$。每演绎出一个公式，都要在右边注明依据。如这个例子，表达依据的语词包括“从”“且”“通过”，

下文将省略（从）或使用标点替换（“且”“通过”）。书写依据时要注意两点：(1) 标明应用特定规则的前提序号（若多于一个，则按顺序写）;(2) 阐明所用到的规则名称。如果证明了某一公式，那么可以把它看作新前提，标明序号。因为第 3 行的 $C \cdot A$ 已经从论证的前提演绎出来了，那么就可以用于进一步证明的前提。事实上，它在第 4 行被用作导出 C 的依据。第 5 行，前提 2 和 4 通过肯前式导出了 $G \equiv A$。第 6 行，使用附加律导出了结论，从而证明了例 12-34 的有效性。如此，例 12-34 的有效性得证。

证明和真值表

正如我们在真值表中所看到，一个论证前提和结论的真值是与论证有关的真值函项联结词的规则赋予的。尽管这里只定义了五种真值函项联结词，但事实上，它们的总数是 16 个。这个数目是固定的。与之不同的是，可用于构造有效性证明的有效式和逻辑等价表达式的实际数目会因演绎系统的不同而不同。另外，证明程序并不规定从前提正确演绎出结论的步骤数：它取决于前提与我们决定采用的基本规则。

因为在这些方面，证明有一定的灵活性，所以在一个由基本规则构成的系统中，对于特定论证可以构造不止一个正确的有效性证明。也就是说，与真值表不同，一个证明并不总能在固定步骤内得出一个结论的机械程序。除此之外，为特定有效论证构造证明时，我们可能错误地评价了它的有效性。有可能当时“没有看出”使用特定规则可以从前提演绎出结论，错误地认为论证无效。这就是为什么，任意有效论证在“原则上”有一个有效性证明。然而必须承认，证明在某一方面确实优于真值表：当一个论证涉及很多种命题时，真值表往往会很长而且很不方便。证明就不会有这样的问题。

第 13 章 CHAPTER13

直言命题和直接推理

什么是直言命题

直言命题

直言命题是表征事物类之间的包含或不包含关系的命题，如：

例 13-1　所有哲学家都是聪明人。

例 13-2　没有哲学家是聪明人。

或者类的部分之间，如：

例 13-3　有些哲学家是聪明人。

或类的部分与另一个类的全部之间，如：

例 13-4　有些哲学家不是聪明人。

有四种类之间的关系与直言命题相关：

- 一个类的全部包含在另一个类中，完全包含。
- 两个类完全排斥，完全不包含。
- 一个类的部分包含在另一个类之中，部分包含。
- 一个类的部分排除在另一个类的全部外延之外，部分不包含。

上述直言命题的例子中，“哲学家”是主项，“聪明人”是谓项。这些是直言命题的逻辑，而非语形（语法）主谓项。它们分别指谓一个类：每个类表达的是其元素的共仅属性。因此，“哲学家”指谓哲学家的类，“聪明人”指谓聪明人的类。

直言命题例 13-1 ～例 13-4 说明了“哲学家”类与“聪明人”类之间的包含或不包含关系。这些关系可由下列方式表示：

例 13-1a　所有哲学家都是聪明人。

例 13-2a　没有哲学家是聪明人。

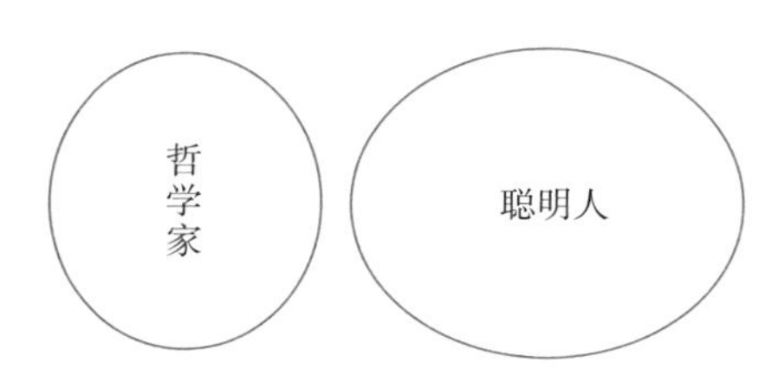

例 13-3a 有些哲学家是聪明人。

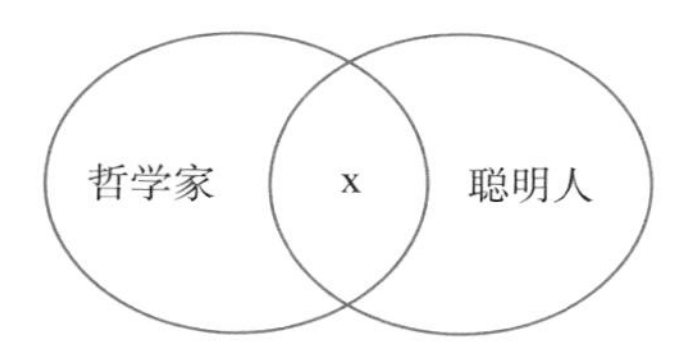

例 13-4a 有些哲学家不是聪明人。

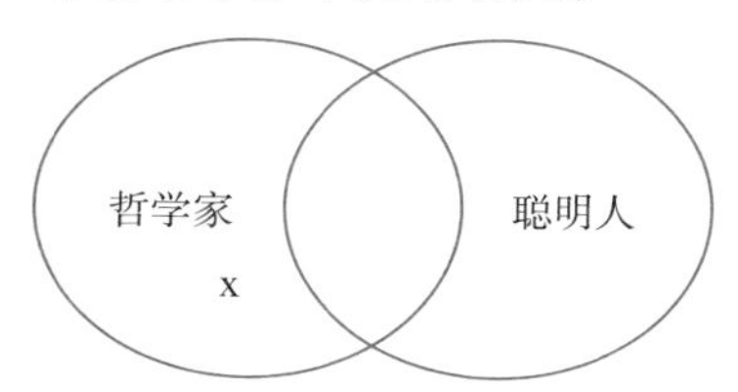

在亚里士多德（公元前 384—公元前 322）创建的传统逻辑中，表示直言命题逻辑形式的标准符号如下："S" 表示主项，"P" 表示谓项。使用这些符号，上述直言命题的逻辑形式是：

1. 所有 S 都是 P。
2. 没有 S 是 P。
3. 有 S 是 P。
4. 有 S 不是 P。

传统逻辑中，只有具有上述逻辑形式的陈述句才是直言命题。这些命题总是表示上文提及的四种类之间的关系之一，现在，“S”和“P”代表的就是主谓项所表示类。类之间的关系参见专栏 13-1。我们也可以使用圆圈图示这些关系，如图 13-1 所示。

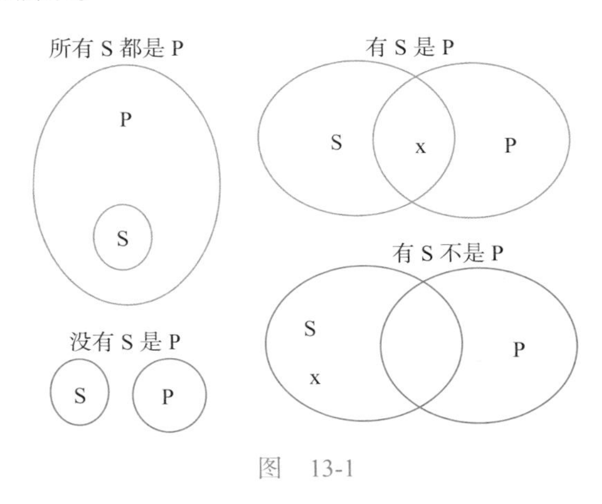

图 13-1

注意，前两个图中的“S”和“P”表示类，另两个图中的 x 表示 S 中至少有一个个体。如果“P”至少包含 S 的一个元素，那就等价于“有 S 是 P”。如果 S 中至少有一个元素不属于 P，那就等价于“有 S 不是 P”。

专栏 13-1

直言命题中类的关系

例 13-1 表示的是 S 的全部包含在 P 中。

例 13-2 表示的是 S 和 P 完全排斥。

例 13-3 表示的是部分 S 包含在 P 中。

例 13-4 表示的是部分 S 排除在 P 之外。

标准形式

上述例 13-1 ～例 13-4 是直言命题的标准形式，它们都由特定的组成部分构成。主项、谓项（不是语法上的，而是逻辑上的）当然是其组成部分。另一个组成部分是所谓的“量”：表达部分或者全部包含，或者不包含。例 13-1 和例 13-2 使用的是全称量项，“所有”和“没有”。例 13-3 和例 13-4 使用的是特称量项，“有些”。标准的直言命题还有“质”：它们是肯定形式还是否定形式，取决于是否包含否定词。例 13-1 和例 13-3 是肯定形式，例 13-2 和例 13-4 是否定形式。最后一个组成部分是或单数、或复数的系动词。以上这些就是标准直言命题的基本组成部分。

任意标准直言命题包括如下组成部分：

（1）量。

（2）质。

（3）主项和谓项。

（4）连接主谓项的联项。

任意给定直言命题，可以依据其量词种类和是否出现否定词来确定它的类型。正如表 13-1 所示，存在四种标准直言命题，每一个都具有独特的逻辑形式——全称肯定、全称否定、特称肯定和特称否定。

表 13-1　标准直言命题

名　称	种　类	形　式
A	全称肯定	所有 S 都是 P
E	全称否定	所有 S 都不是 P
I	特称肯定	有 S 是 P
O	特称否定	有 S 不是 P

在传统逻辑中，大写字母“A”“E”“I”“O”指称四类直言命题。每个字母都是一类命题的简称。这些字母是传统逻辑学家依据拉丁字母 *affirmo*（我肯定）以及 *nego*（我否定）发明的。每个单词的第一个元音表示全称，即“A”表示全称肯定，“E”表示全称否定；第二个元音表示特称命题，即“I”表示特称肯定，“O”表示特称否定。下文就使用字母表示四种直言命题。重新考察前文提到的例子：

例 13-1　所有哲学家都是聪明人。

例 13-2　没有哲学家是聪明人。

例 13-3　有些哲学家是聪明人。

例 13-4　有些哲学家不是聪明人。

这分别是 A、E、I、O 命题。

非标准直言命题

当然，很多命题都不是标准形式，也就是说，仅有一部分命题明确地包含了 A、E、I、O 命题中的所有组成部分。然而，通过修改可能会把许多不标准的直言命题翻译成上述标准形式之一。例如，例 13-5 就可以翻译为例 13-5a 这一 A 命题：

例 13-5 眼镜蛇很危险。

例 13-5a 所有眼镜蛇都很危险。

"每一个""任何一个""所有事物""所有人"等量词都是全称的，逻辑上等价于"所有"。注意，如例 13-5 那样，全称量词通常会被省略。如果命题需要翻译成标准形式，那么省略的量词必须明确填写。除此之外，特定条件句也可以翻译成 A 命题。说所有眼镜蛇是危险的，逻辑等价于：

例 13-5b 如果某物是眼镜蛇，那么就很危险。

因此，当你遇到例 13-5b 这类命题时，你一定要把它翻译成 A 命题。记住，任何看起来像全称肯定的命题，其省略的是"所有"，除非仔细解读之后是非全称的。例如：

例 13-6 狗在晚上叫。

它就不能翻译为标准的 A 命题，只能译成 I 命题：

例 13-6a 有些狗在晚上叫。

尽管例 13-6a 听起来比较怪，但我们依据的是逻辑形式：

把一个命题翻译成标准形式通常都会有些奇怪。

那么，不标准的全称否定命题又是什么情况呢？如：

例13-7 我们班没有人玩纵横拼字游戏。

因为例13-7是E命题，我们可以把它翻译为标准形式，如：

例13-7a 我们班没有人玩纵横拼字游戏。

因为，一个条件句可以翻译成E命题。“我的同学中没有人玩纵横拼字游戏”等价于：

例13-7b 如果某人是我同学，那么他就不玩纵横拼字游戏。

注意，一个能够译成E命题的条件句，其后件一定包含否定词。现在考察下例：

例13-8 我同学中有人玩纵横拼字游戏。

它可以译为I命题，如：

例13-8a 我的一些同学玩纵横拼字游戏。

也可以表达为：

例13-8b 玩纵横拼字游戏而且是我同学的人存在。

也就是说，如果不包含否定词，任何关于“存在”和“有什么”的命题都可以译为I命题。如果这类命题确实包含否定词，如：

例 13-9　我同学中，有的不玩纵横拼字游戏。

它可以译成“O”命题，如：

例 13-9a　我的一些同学不玩纵横拼字游戏。

后面将会仔细讨论“存在预设”问题。但下一节，我们先考察与直言命题相关的推理。

直言命题的文恩图示

我们可以用标准的文恩图［由英国逻辑学家约翰·文恩（1834—1923）发明］表示四类直言命题。直言命题的文恩图采用两个相交的圆，左边的圆指谓主项表示的类，右边的圆指谓谓项表示的类。首先考察全称肯定命题的文恩图以及与之等价的一些记法。

例 13-10　所有美国公民都是选民。

布尔符号：

$S\overline{P}=0$。

A 命题：

所有 S 都是 P。

表示例 13-10 的文恩图由两个相交的圆构成，一个表示主项（“美国公民”），另一个表示谓项（“选民”），如图 13-2 所示。

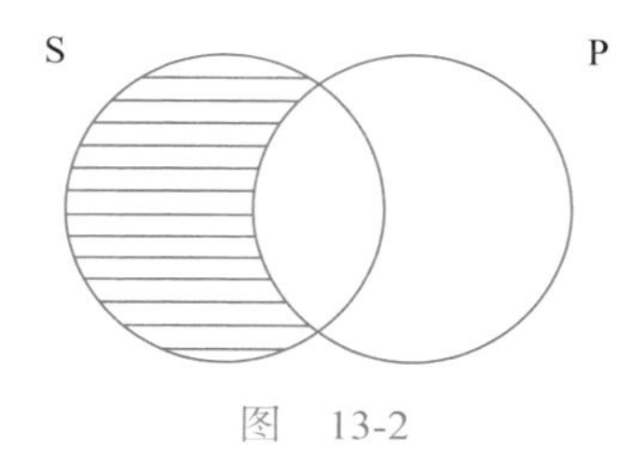

图　13-2

从例 13-10 可以看出，主项所指谓类的所有元素都属于谓项所指谓的类。S 中的月牙部分表示没有元素（不是选民的美国公民）。文恩图中的阴影部分表示这个空间没有元素。上图中不是 P 的 S 是阴影部分，意思是，不是 P 的 S 的集合为空。这与例 13-10 所说的不是选民的美国公民是空类，或等价地说所有美国公民都是选民，是一致的。

上一页首先使用的是英国数学家乔治·布尔（1815—1864）发明的代数符号，“S 与非 P”的交集为空，然后使用传统逻辑符号，“所有 S 都是 P”对例 13-10 进行了翻译。两种符号的意义可由要点中的文恩图刻画：“S 与非 P”的交集为空。

现考察一个全称否定命题，例 13-11。

例 13-11　没有美国公民是选民。如图 13-3。

布尔符号：

S P=0。

E 命题：

没有 S 是 P。

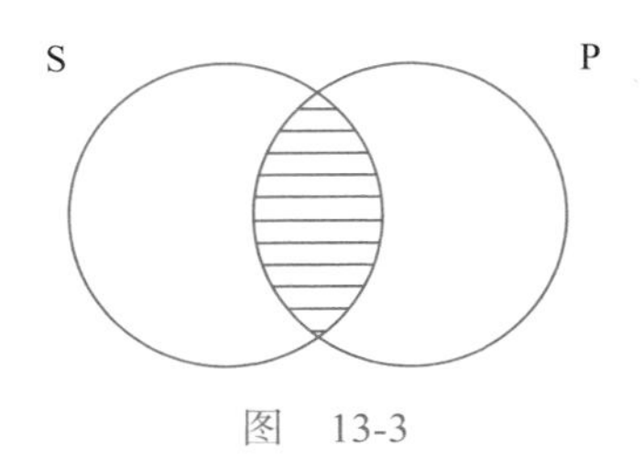

图　13-3

例 13-11 是全称命题，其文恩图中有一个空子类，即阴影部分：S 与 P 相交的橄榄球形状部分表示是选民的美国公民。例 13-11 所刻画的是没有这样的选民：换句话说，断定例 13-11 意味着是选民的美国公民这个类没有元素。图的左边，例 13-11 的布尔表示“S P=0”告诉我们“S P”是空类。继布尔符号之后，可以找到例 13-11 的传统逻辑符号表示以及所属的种类。需要记住的是，对于所有全称直言命题（不管肯定的还是否定的），都存在一个表示空类的阴影部分。

接下来，考察特称肯定命题。

例 13-12　有些美国公民是选民。如图 13-4 所示。

布尔符号：

S P ≠ 0。

I 命题：

有 S 是 P。

这次是特称命题：关于类的部分的断言。因此，上图并没有阴影，只有 x，表明存在一些元素。因为“有些”在逻辑上等价于“至少有一个”，即例 13-12 等价于：

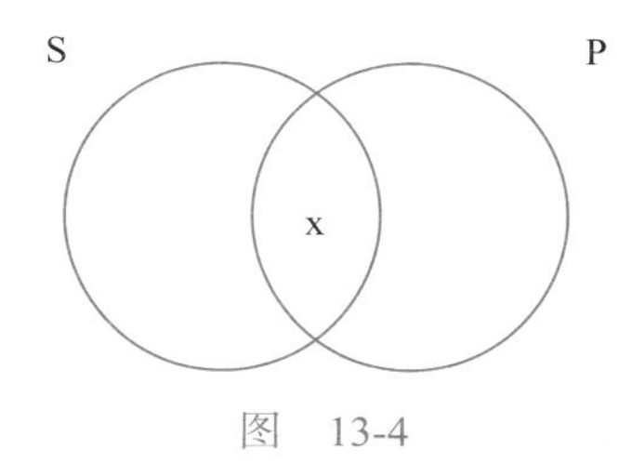

图　13-4

例 13-12a　至少有一个美国公民是选民。

在中间的球形空间写上“x”，说明“S P”不是空类，而是有几个元素（至少有一个）。图上边可以看到例 13-11 的布尔符号翻译，“S P ≠ 0”，即，“S P”这个子类非空，左边还有传统逻辑的符号表示。

最后是特称否定命题。

例 13-13　有些美国公民不是选民。如图 13-5 所示。

布尔符号：

$S\overline{P} \neq 0$。

O 命题：

有 S 不是 P。

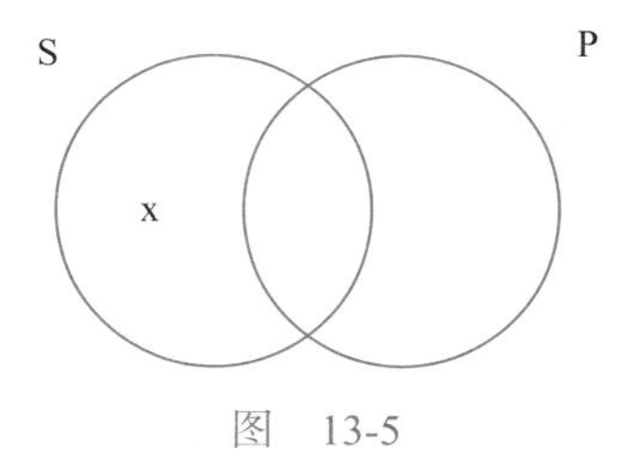

图　13-5

因为例 13-13 也是特称命题，所以文恩图中没有阴影。“有些”又表示至少有一个，例 13-13 在逻辑上等价于：

例 13-13a　至少有一个美国公民不是选民。

不是选民的美国公民这个类非空，即至少有一个元素——在 S 与非 P 的交集这个子类中有 x。图上边的布尔翻译指出“S 与非 P 的交集非空”，布尔翻译之后是传统逻辑符号表示。

上述四个图可以表示四种直言命题中类的不同关系。在第 14 章，我们将学习如何使用文恩图检查某些三段论的有效性。但首先，让我们仔细考察任意直言命题的文恩图所表示的几个空间，如图 13-6 所示。

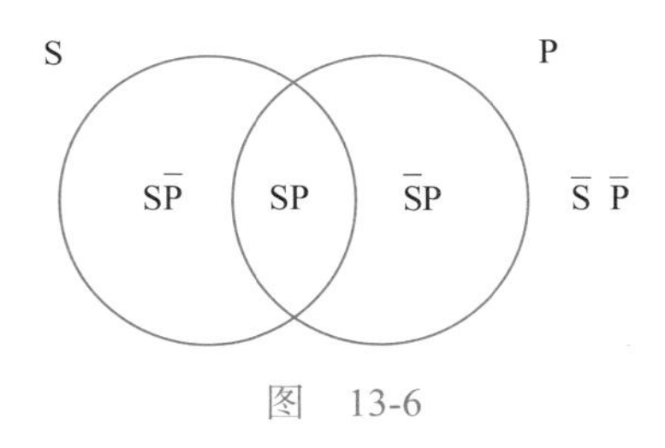

图　13-6

两个相交的圆表示直言命题中两类事物之间的关系——左边指谓的是主项的类，右边指谓的是谓项的类。两个圆所形成的空间也确定了四个子类。两圆重叠形成的中间区域为既是 S 又是 P 的元素所构成的类（同时是两个类的元素所构成的类），符号表示为“S P”。左边的月牙形表示是 S 但不是 P 的元素所构成的类，否定是通过 P 上面的横杠表示的。右边的月牙形表示是P但不是S的事物所构成的类，否定由S上面的横杠表示。两个圆外围的空间表示既不是S又不是P的事物所构成的类。正如我们已经看到，我们能够使用文恩图中的空间表示四类直言命题中类的包含或不包含关系。我们可以考察以“美国公民”为主项，“选民”为谓项构成的四种具体命题。这些命题所表征的美国公民和选民两个类之间的包含和不包含关系，可通过图13-7中的文恩图表示。

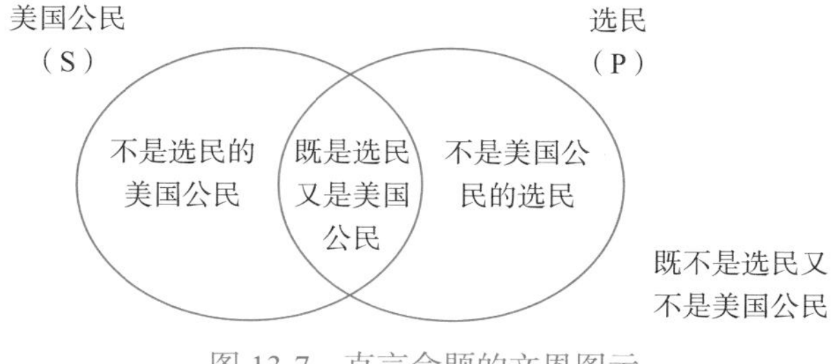

图13-7 直言命题的文恩图示

上图可以表示4个子类：（1）既是选民又是美国公民；（2）不是选民的美国公民；（3）不是美国公民的选民（例如，其他国家的选民）；（4）既不是选民又不是美国公民（例如，其他国家不投票的公民，以及亨利八世、尤利乌斯·恺撒，甚至埃菲尔铁塔、大宪章、大峡谷等）。

对于每一种直言命题来说，都有一个可以说明其所涉及包含或不包含关系的文恩图。底线如下。

- 表征一个直言命题的文恩图可展示三个区域：相交的两个圆的内部以及两圆相交的区域。

- A 或 E 命题的文恩图包含没有元素的阴影部分。这类图中没有“x”。
- I 或 O 命题的文恩图包含一个元素为“x”的区域。这类图中没有阴影部分。

对当方阵

传统对当方阵

传统的观点是，上述 4 种直言命题之间的逻辑关系可以使我们进行特定的直接推理。现在学习这些包含一个前提的推理。首先来看下列传统对当方阵所表示的直接推理，如图 13-8 所示。

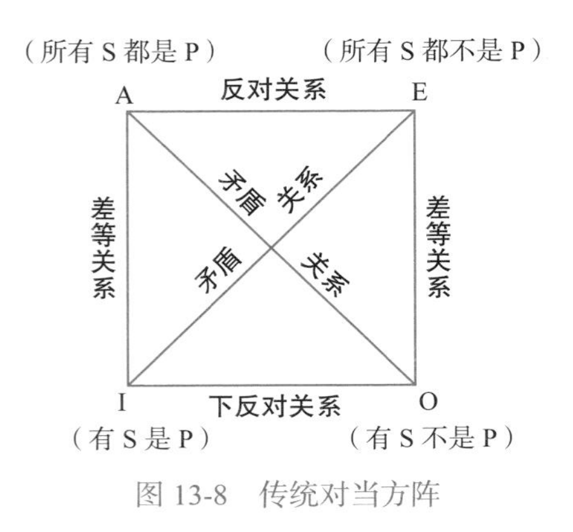

图 13-8 传统对当方阵

传统对当方阵表示的是两个直言命题之间的关系，可以概括如下，如表13-2所示。

表 13-2

关 系	关系者项	相联系命题的名字
矛盾关系	A与O、E与I	具有矛盾关系的命题对
反对关系	A与E	具有反对关系的命题对
下反对关系	I与O	具有下反对关系的命题对
差等关系	A与I、E与O	具有差等关系的命题对

现逐一讨论这些关系。

矛盾关系 位于方阵对角线位置的两类命题构成矛盾关系。具有矛盾关系的命题不可能具有相同的真值：如果一个为真，那么另一个就为假；反之亦然。A与O，以及E与I具有相反的真值，只要两者的主谓项相同。因此，如果例13-1为真，那么例13-4为假：

例13-1 所有哲学家都是聪明人。

例13-4 有些哲学家不是聪明人。

另一方面，如果例13-1为假，那么逻辑上等价于例13-4为真。类似地，如例13-3。

例13-3 有些哲学家是聪明人。

如果例13-3是真的（至少有一位哲学家是聪明人），那么例13-2就是假的。

例13-2 没有哲学家是聪明人。

反过来说，如果例13-3为假，那么例13-2就为真。正如上文所述，当从一个命题的矛盾推出这个命题的真值时，就进行了一次有效的直接推理：如果它的前提为真，那么结论一定为真。但是，矛盾关系推理仅是传统逻辑学家接受的有效推理之一，还存在其他有效推理。

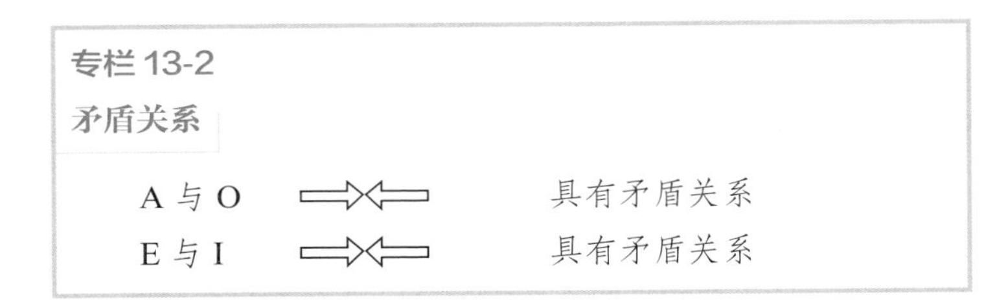

专栏 13-2

矛盾关系

A 与 O $\Rightarrow\Leftarrow$ 具有矛盾关系

E 与 I $\Rightarrow\Leftarrow$ 具有矛盾关系

反对，下反对和差等关系 依据传统对当方阵，在特定预设下，依据下列逻辑关系的推理也是有效的：

A 与 E $\Rightarrow$ 反对关系

I 与 O $\Rightarrow$ 下反对关系

A 与 I $\Rightarrow$ 差等关系

E 与 O $\Rightarrow$ 差等关系

具有反对关系的命题不能同时为真，但可以同时为假。例如，依据反对关系，如果例 13-14 为真，那么可以推出例 13-15 为假：

例 13-14 所有银行家都是谨慎的投资者。

例 13-15 所有银行家都不是谨慎的投资者。

这是因为这类命题不能同真，但可以同假（上述命题事实上也都是假的)。

但反对关系与下反对关系不同，两者都不同于矛盾关系。具有下反对关系的命题可以同真，但不能同假。依据下反对关系，如果例 13-16 假，那么例 13-17 真：

例 13-16　有些学生是素食主义者。

例 13-17　有些学生不是素食主义者。

这类直言命题不能同假，但能同真。

最后是稍微复杂的差等关系，因为真值的变化取决于是从全称到特称还是从特称到全称。逻辑上，A 与同一素材的 I 命题是差等关系，是指：如果 A 命题为真，那么 I 命题一定为真；如果 I 命题为假，那么 A 命题一定为假。E 与同一素材的 O 命题也具有类似关系，两者是差等关系是指：如果 E 命题为真，那么 O 命题一定为真；如果 O 命题为假，那么 E 一定为假。两种情况中，全称命题称为“上位式”，同质的特称命题称为“下位式”。

差等关系是以下命题之间的逻辑关系：

(1) A 和 I (A 是上位式，I 是下位式)；

(2) E 和 O (E 是上位式，O 是下位式)。

在这一关系中：

(1) 真往下传递 (从上位式传向下位式)；

(2) 假往上传递 (从下位式传向上位式)。

让我们像传统逻辑学家那样依据差等关系进行推理。假设例 13-18 为真，那么例 13-19 一定为真。

例 13-18 所有演奏长号的都是音乐家。

例 13-19 有些演奏长号的是音乐家。

例 13-18 和例 13-19 表明，“真”往下传递。同时，因为“有些长号演奏者不是音乐家”为假，可以推出“所有长号演奏者都不是音乐家”为假——这表明“假”往上传递。但从例 13-14 这样的假上位式不能推出一个假下位式，因为有些银行家是谨慎的投资者是真的。

例 13-14 所有银行家都是谨慎的投资者。

从例 13-17 这个真下位式也不能推出一个真上位式。因为，所有学生都不是素食主义者是假的：

例 13-17 有些学生不是素食主义者。

真值规则和传统对当方阵 现在，总结传统对当方阵中的所有关系以及可以进行直接推理的规则，如下：

矛盾关系：具有矛盾关系的命题不能具有相同的真值。（如果一个为真，那么另一个一定为假；反之亦然。）

反对关系：具有反对关系的命题不能同真，但可以同假。

下反对关系：具有下反对关系的命题不能同假，但可以同真。

从上位式推导下位式的差等关系（即，从全称命题推导同一素材的特称命题）：

如果上位式真，那么下位式一定为真；
如果上位式假，那么下位式真值不定。

从下位式推导上位式的差等关系（即，从特称命题推导同一素材的全称命题）：

如果下位式真，那么上位式真值不定；
如果下位式假，那么上位式一定为假。

已知传统对当方阵中的矛盾、反对、下反对以及差等关系，依据左边列表中假定的命题真值，我们能够推出右边列表中命题的真值。

如果 A 真 ⟹ E 假、O 假、I 真
如果 A 假 ⟹ E 不确定、O 真、I 不确定
如果 E 真 ⟹ A 假、I 假、O 真
如果 E 假 ⟹ A 不确定、I 真、O 不确定
如果 I 真 ⟹ A 不确定、E 假、O 不确定
如果 I 假 ⟹ A 假、E 真、O 真
如果 O 真 ⟹ A 假、E 不确定、I 不确定
如果 O 假 ⟹ A 真、E 假、I 真

存在预设

尽管依据反对、下反对、差等关系进行的推理被传统对当方阵断定为有效，但我们进行这类推理的能力却被全称命题和特称命题的一个有意义的差异削弱了：I 和 O 有存在预

设，A 和 E 没有。也就是说，I 和 O 命题含蓄地预设了它们的主项所指谓的个体存在。因为“有的”在逻辑上等价于“至少有一个”，因此形如例 13-20 这类命题在逻辑上等价于例 13-20a：

例 13-20 有些学生是素食主义者。

例 13-20a 有些学生不是素食主义者。

需要注意的是，“至少有一只猫”等价于“猫存在”。类似地，形如例 13-21 和例 13-21a 这两个相互等价的 O 命题也预设有些猫是存在的：

例 13-21 有些猫不是猫科动物。

例 13-21a 至少存在一只不是猫科动物的猫。

另一方面，A 与 E 命题逻辑上等价于条件句：例 13-22 等价于例 13-22a，而例 13-23 等价于例 13-23a。

例 13-22 所有猫都是猫科动物。

例 13-22a 如果任何事物是一只猫，那么它就是猫科动物。

例 13-23 没有猫是猫科动物。

例 13-23a 如果任何事物是一只猫，那么它就不是猫科动物。

以这种方式理解，一个全称的直言命题就没有存在预设，因为它等价于一个条件句，这种复合命题仅在前件为真、后件为假的情况下才为假。因此，当且仅当，一事物是猫但不是猫科动物，例 13-22a 才为假。而当且仅当，一事物是猫，而且是猫科动物时，例 13-23a 才为假。如果猫不存在，这些条件句的前件都为假，而整个条件句都是真的（无论后件是真还是假）。

因此，反对关系推理就被削弱了：如此理解全称命题之后，当他们的主项指谓空类（没有指称）时，具有反对关系的命题就为真。考察例 13-24，它与例 13-24a 等价。

例 13-24　所有独角兽都是易受惊吓的生物。

例 13-24a　如果任何事物是独角兽，那么它就是易受惊吓的生物。

因为独角兽不存在，例 13-24 的前件为假，整个条件句为真。现在考察与它具有反对关系的另一个命题，例 13-25 与例 13-25a 等价：

例 13-25　所有独角兽都不是易受惊吓的生物。

例 13-25a　如果任何事物是独角兽，那么它就不是易受惊吓的生物。

还是因为独角兽不存在，例 13-25a 的前件为假，整个条件句为真。显然例 13-24 和例 13-25 可以同时为真！这可以推出，除非我们假设真直言命题的主项非空，否则我们不可能推出与之反对的另一个命题为假。

那么，具有下反对关系的命题又如何呢？这涉及了 I 和

O 命题，从现代逻辑的角度看，它们确实有存在预设。尽管依据传统对当方阵，具有下反对关系的两个命题不能同假，但从现代逻辑的角度看，它们可以同假。比较例 13-26 与例 13-26a。

例 13-26 有些独角兽是易受惊吓的生物。

例 13-26 等价于例 13-26a。

例 13-26a 独角兽存在并且是易受惊吓的生物。

这样解释之后，例 13-26 为假，因为没有独角兽。比较例 13-27 与例 13-27a。

例 13-27 有些独角兽不是易受惊吓的生物。

例 13-27 等价于例 13-27a。

例 13-27a 独角兽存在并且它们不是易受惊吓的生物。

因为没有独角兽，所以例 13-27 也是假的。因此，例 13-26 和例 13-27 同时为假。这可以推出结论：依据下反对关系不可能进行有效推理。

最后是差等关系。从上文可以看出，这个关系看起来也是非常可疑的。比如说，一个人怎么可能从一个没有存在预设的全称命题推出一个具有存在预设的特称命题呢？当然，如果它们的主项指谓的事物存在，例如长号演奏者、会计以及老虎，那么从 A 到 I 以及从 E 到 O 的推理初看起来似乎没有什么问题。但涉及存在性成问题的事物时，差等关系推理可以导致谬误，例如：

例 13-28　1. 所有独角兽不是易受惊吓的生物。
　　　　　2. 有些独角兽不是易受惊吓的生物。

因为例 13-28 中的结论与上述例 13-26a 等价，这个论证似乎已经预设了独角兽存在！这一依据差等关系得出结论的方式失效了，因为它忽略了前提没有存在预设而结论有存在预设的事实。

现代对当方阵

上文表明，需要限制依据传统对当方阵进行的有效直言命题推理的范围。正如图 13-9 所示，现代方阵修改了传统方阵，消除了反对、差等以及下反对，保留了有效的矛盾关系直接推理。矛盾关系在 A 和 O，以及 E 与 I 之间成立，它们位于方阵对角线所标出的对立的角。

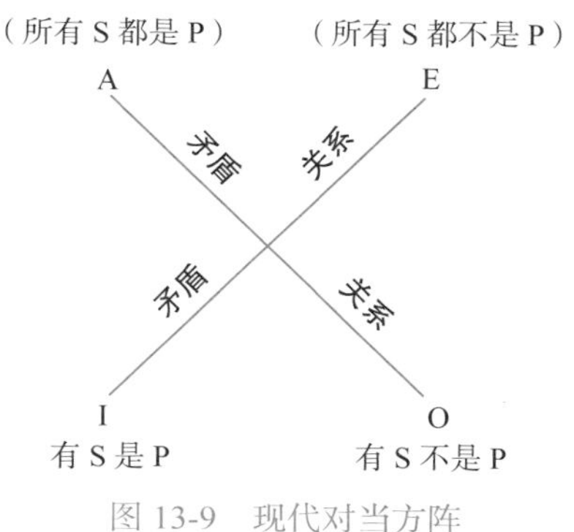

图 13-9　现代对当方阵

从如下现代方阵可以看出，命题与其矛盾命题的否定的两点事实。第一，它们在逻辑上等价：如果位于一角的命题是真的，那么其矛盾命题的否定一定为真；而且如果它是假的，那么其矛盾命题的否定也一定为假。第二，它们互相推出：任何从一个命题到其矛盾命题的否定都是保值的，因此是有效的。

这是依据现代对当方阵，四类标准命题之中的一个命题与其矛盾命题的否定等价（互相推出）：

（1）A＝非O
（2）E＝非I
（3）I＝非E
（4）O＝非A

因此，已知（1），如果“所有橙子都是柑橘属水果”为真，那么“并非有的橙子不是柑橘属水果”为真；反之亦然。但已知（4），如果“有些橙子不是柑橘属水果”为真，那么“所有橙子都是柑橘属水果”一定为假，而“并非所有橙子都是柑橘属水果”一定是真的。读者可以尝试练习其他的有效推理。底线是对所列命题，每一对都具有相同的真值：如果一个为真，另一个一定为真；如果一个为假，另一个一定为假。前者表明有效性，两者结合就是逻辑等价。文恩图与现代对当方阵是一致的。毕竟，只有特称命题才需要“x”说明主项指谓的类有元素（如果存在）。全称命题从不要求指出有元素，只需指出没有即可（通过阴影）。

专栏 13-3

逻辑等价与有效性

逻辑等价

假设两个命题等价，若一个为真，则另一个一定为真；而且，若一个为假，则另一个一定为假。这是因为它们的真值条件相同。因此，逻辑等价的命题具有相同真值：或者同真，或者同假。所以，如果可以替换的话，其中一个可以在不改变它们所出现的复合命题真值的前提下替换另一个。例如，一个命题“P”在逻辑上等价于“并非非 P”。因此，如果其中一个出现在更为复杂的表达式中，而且这个表达式又不在引号之中，那么我们就可以在保证整个表达式真值不变的前提下，用另一个替换它。

有效性

假设两个命题逻辑等价，若其中一个为真，则另一个一定为真。这就满足了“推出”或“有效性”的定义：逻辑等价的命题可以互相推出。任何由等价命题构成的论证都是有效的。

其他直接推理

现在，我们学习另外三种使用直言命题的直接推理：换位法，换质法以及换质位法。有时，换位和换质位是从全称推特称，但这类形式的有效性却需要预设全称前提中的主项非空，即不能指称美人鱼和圆的方这些空类。

换位法

换位法是通过交换“被换位命题”的主谓项位置，但不改变量和质，从而推出“换位命题”的方法。因此，E 命题的换位如下。

例 13-29　所有 SUV 都不是跑车。

例 13-29a　所有跑车都不是 SUV。

被换位命题的主谓项位置改变了，但其质和量保持不变，依然是全称否定。例 13-29 到例 13-29a 是有效推理：如果例 13-29 为真，那么例 13-29a 一定为真（反之亦然）。类似地，通过换位，交换被换位命题的主谓项位置之后，从一个 I 命题能够导出另一个换了位的 I 命题。例如，例 13-30 的换位命题是例 13-30a：

例 13-30　有些共和党人是记者。

例 13-30a　有些记者是共和党人。

如果例 13-30 真，那么例 13-30a 一定为真，反之亦然。因此这个推理是有效的，两个命题在逻辑上等价。

然而，对于 A 命题，一个直接换位的推理将是无效的。因为，从例 13-31 显然不能推出例 13-31a：

例 13-31　所有猪都是哺乳动物。

例 13-31a　所有哺乳动物都是猪。

但 A 命题可以通过“限制”换位，因为从例 13-31 可以推出例 13-31b。

例 13-31b　有些哺乳动物是猪。

限制换位中，被换位命题的量在换位命题中受到了限制：一个 A 命题的有效换位是 I 命题。其中，前者的主谓项位置进行了交换，全称量词“所有”替换为非全称量词“有的”。

最后注意，O 命题没有有效换位。如果试图对真命题例 13-32 进行换位，那么将会得到假命题例 13-32a：

例 13-32　有些珍贵的石头不是翡翠。

例 13-32a　有些翡翠不是珍贵的石头。

这证明了例 13-32 到例 13-32a 是无效推理。对于任意 O 命题，换位得到的直接推理犯了非法换位，这与从一个 A 命题换位得到另一个 A 命题所犯的谬误相同。总之，换位法的规则如表 13-3 所示。通过换位得到的等价式和非等价式如图 13-10 所示。

表 13-3　换位法的规则

	被换位命题	换位命题	推　理
A	所有 S 是 P	有 P 是 S	（限制换位有效）
E	所有 S 都不是 P	所有 P 都不是 S	有效
I	有 S 是 P	有 P 是 S	有效
O	有 S 不是 P		（无有效换位）

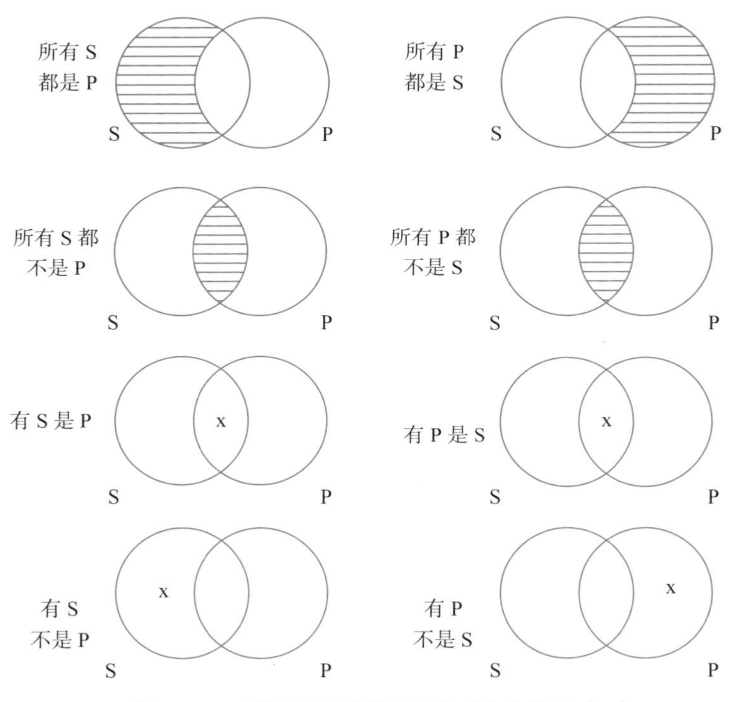

图 13-10　通过换位得到的等价式和非等价式

换质法

一个直言命题的换质命题是改变它的质（即从肯定到否定，或从否定到肯定），并且在其谓项的前面增加“非”得到的。通过换质演绎出的命题称为“换质命题”，而演绎出命题的那个命题称为“被换质命题”。换质推论适用于所有命题。

因此，依据换质法从例13-33这个A命题可以推出例13-33a。

例13-33 所有鹰都是鸟。
例13-33a 没有鹰是非鸟。

例13-34这个E命题换质可以产生例13-34a。

例13-34 所有手机都不是大象。
例13-34a 所有手机都是非大象。

例13-35这个I命题的换质命题是例13-35a。

例13-35 有些加利福尼亚人是冲浪者。
例13-35a 有些加利福尼亚人不是非冲浪者。

例13-36这个O命题的换质命题是例13-36a。

例13-36 有些流行病不是灾难性的。
例13-36a 有些流行病是非灾难性的。

在上述推论中，被换质命题的谓项被其补概念所替换。例如，对于议员这个类来说，其补类是由所有非议员的事物构成的，包括市长、医生、砌砖者、飞机、蝴蝶、行星、邮票、惰性气体等。马的补类是非马，也是一个广泛而丰富的类。疾病的补类是非疾病类，如此等等。指谓任何这个补类的项称为补项。

与换位不同，四类直言命题都可以换质。对于下列四类命题，从被换质命题导出换质命题的推理都有效，如表13-4所示。通过换质得到的等价式，如图13-11所示。

表 13-4 换质法的规则

	被换质命题	换质命题	推理
A	所有 S 是 P	所有 S 都不是非 P	有效
E	所有 S 都不是 P	所有 S 都是非 P	有效
I	有 S 是 P	有 S 不是非 P	有效
O	有 S 不是 P	有 S 是非 P	有效

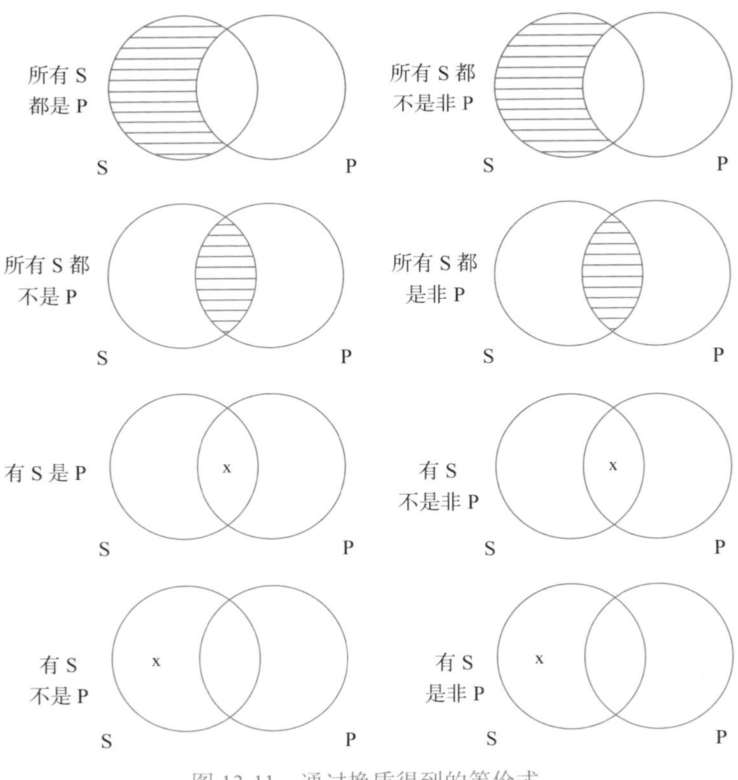

图 13-11 通过换质得到的等价式

换质位法

换质位法允许我们交换一个命题主谓项的位置，并且分别在其前面添加“非”，但量和质保持不变，从而推出一个结论。因此，例13-37进行换质位可以得到例13-37a。

例13-37 所有羊角面包都是糕点。

例13-37a 所有非糕点都是非羊角面包。

使用换质位，“所有S都是P”这一A命题在逻辑上等价于“所有非P都是非S”这一A命题。两个命题逻辑等价就是具有相同的真值：如果例13-37为真，那么例13-37a就为真。而且如果例13-37为假，那么例13-37a就为假。正如专栏13-3所提到的，如果两个命题在逻辑上等价，就可以从一个推出另一个：任何这种推论都是有效的。要想形象地表示例13-37和例13-37a之间的关系，可以参看图13-12中的文恩图（可以把图中的S解释为“羊角面包”，P解释为“糕点”）。

对I进行换质位，得到的还是量与质都相同的I命题，后者的主谓项位置与前者不同，而且前面都有“非”。例13-38的换质位命题是例13-38a：

例13-38 有些羊角面包是糕点。

例13-38a 有些非糕点是非羊角面包。

但从图13-12中的文恩图可以看出，例13-38和例13-38a不等价。因此，任何依据换质位从例13-38到例13-38a

的推论都不是有效的，犯了非法换质位谬误。

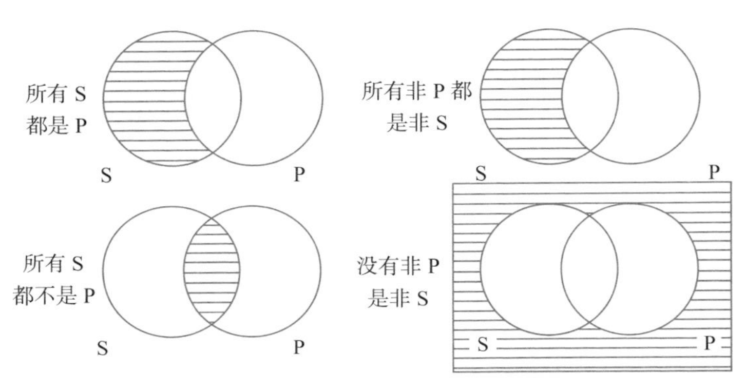

图 13-12　通过换质位得到的 A 型等价式和 E 型非等价式

E 命题也存在一个非法换质位谬误。但通过限制被换质位命题的量可以避免这个谬误。也就是说，E 的有效换质位命题是 O，其主谓项的位置已经被交换，而且在两个项前面都添加了“非”。因此，对例 13-39 进行正确的换质位（参见图 13-13），限制其量、质保持不变，例 13-39a 是真的。

例 13-39　没有美洲豹是爬行动物。

例 13-39a　有些非爬行动物不是非美洲豹。

如果从例 13-39 无限制地换质位推出例 13-40，那么这个推理就是无效的。

例 13-40　所有美洲豹都不是爬行动物；因此，所有非爬行动物都是非美洲豹。

O 命题的换质位可以产生一个等价的 O 命题；因此总是

有效的。因此，依据换质位从例 13-41 可以推出例 13-42。

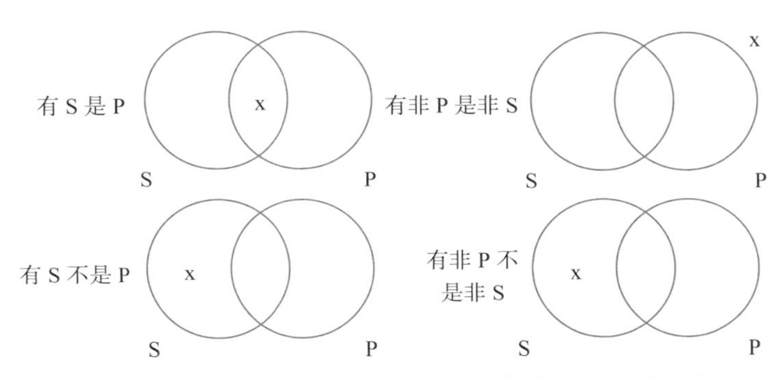

图 13-13　通过换质位得到的 I 型不等价式和 O 型等价式

例 13-41　有些田径运动员不是跑步的。

例 13-42　有些非跑步运动员不是非田径运动员。

本节内容小结，如表 13-5 所示。

表 13-5　本节内容小结

换位：交换 S 和 P 的位置，量和质保持不变（A 与 O 除外）			
	被换位命题	**换 位 命 题**	**推　论**
A	所有 S 都是 P	有 P 是 S	（仅限制换位有效）
E	没有 S 是 P	没有 P 是 S	有效
I	有 S 是 P	有 P 是 S	有效
O	有 S 不是 P		无效
换质：改变命题的质，在“P”的前面加“非”			
	被换质命题	**换 质 命 题**	**推　论**
A	所有 S 都是 P	所有 S 都不是非 P	有效
E	没有 S 是 P	所有 S 都是非 P	有效

（续）

	被换质命题	换质命题	推论
I	有S是P	有S不是非P	有效
O	有S不是P	有S是非P	有效
	换质位：交换S和P的位置，并在其前面增加“非”（E和I除外）		
	前提	**换质位命题**	**推论**
A	所有S都是P	所有非P都是非S	有效
E	没有S是P	有非P不是非S	限制换质位有效
I	有S是P		无效
O	有S不是P	有非P不是非S	有效

第 14 章 CHAPTER14

直言三段论

什么是直言三段论

从上古的亚里士多德逻辑学，到随后几个世纪的其他逻辑学派，人们提出了很多方法来分析我们普遍称为“三段论”的演绎论证。一个三段论是包含两个前提的演绎论证。一个直言三段论是完全由直言命题构成的三段论。因此三段论式的论证有各种不同的类型，其中有些我们已经在第 5 章和第 12 章涉及过。在本章中，我们将详细地分析直言三段论，为简便起见，此后统称为“三段论”。例如：

例 14-1 1. 所有长方形都是多边形。
2. 所有正方形都是长方形。
———————————
3. 所有正方形都是多边形。

论证例 14-1 是一个三段论，因为它有两个前提和一个结论，并且这三个命题都是直言命题。仔细分析论证例 14-1 的前提和结论，我们会发现在主项或谓项的位置上恰好有三个词项："长方形""多边形""正方形"。其中每一个词项都表述了一个范畴（或种类）的事物，这些范畴之间的互相关联使得我们能够从前提有效地推出结论。依据该结论，正方形的种类被完全包含在多边形的种类中，只要论证例 14-1 的前提是真的，这个结论就一定是真的。这是一个有效的演绎论证：结论被前提所蕴涵。但是有些三段论可能是无效的。当一个三段论满足了演绎有效性的标准时，蕴涵取决于三个不同类型的词项间的关系，这些词项是作为组成该三段论的直言命题的主项或谓项而出现的。由于一个论证的有效性取决于其是否具有有效的形式，人们提出了几种方法来确定在什么时候三段论具有这样的形式。但在介绍这些方法之前，我们需要对标准三段论的结构做更多的介绍。

三段论的词项

一个标准的三段论由三个直言命题构成，其中两个是前提，一个是结论。每一个直言命题都有一个主项和一个谓项，分别表述两个种类的事物，而整个命题则表述了其主项和谓项之间的某种排除或包含的关系。我们对上述构成论证例 14-1 的每个直言命题的观察，表明了该论证的成员命题共有三个不同类型的主项和谓项："多边形""正方形""长方形"。事实上，这是所有直言三段论共有的特征，因为它们都有三个不同类型的词项，即所谓的大项、小项和中项。大项是结论的谓项，小项是结论的主项，中项是只在前提中出现的词项。再来看论证例14-1。

例14-1 1. 所有长方形都是多边形。
2. 所有正方形都是长方形。
3. 所有正方形都是多边形。

根据论证例14-1的结论的谓项和主项，我们得知这个三段论的大项和小项分别为“多边形”（结论的谓项）和“正方形”（结论的主项）。请注意这两个词项也都在前提中出现，但是这对它们作为大项和小项的状态没有影响：一个词项作为大项还是小项，完全是由它作为结论的谓项或主项所决定的。在论证例14-1中，还有一个词项“长方形”，它出现在前提的主项和谓项的位置。这就是“中项”。之所以如此称谓，是因为它的功能是在两个前提间起到中介的作用——把两个前提连接起来，从而使得它们都在表述同一类事物。在任何三段论中，中项在两个前提中都出现，但不出现在结论中。需要注意的另一点是：虽然论证例14-1的三个词项都是一个独词，但这并不是所有三段论的共性，因为有时候短语也能作为一个直言命题的主项和谓项。

下面我们来确定论证例14-2中的大项、小项和中项。

例14-2 1. 没有军官是和平主义者。
2. 所有的陆军中校是军官。
3. 没有陆军中校是和平主义者。

根据上述规则，我们得知：大项是“和平主义者”，小项是“陆军中校”，中项是“军官”。

专栏 14-1

一个三段论的词项

重要的是要记住：为了确定一个直言三段论词项的三个词或短语，我们首先需要检查三段论的结论。大项是出现在结论谓项位置（即在系动词后面）的任何词或短语。小项是出现在结论主项位置（即在量词和系动词之间）的任何词或短语。中项是完全没有在结论中出现，但在两个前提中都出现的词项——无论其是一个独词，还是一个更加复杂的表达式。

三段论的前提

论证例 14-1 的结论是如下命题：

3. 所有正方形都是多边形。

用传统逻辑的表示法，上述命题可以被符号化为：

3a. 所有 S 都是 P。

通常的做法是把一个直言三段论的小项和大项分别表示

为“S”和“P”，而把中项表示为“M”。我们也将沿用这个做法，并用这些符号替代任何一个直言三段论的三个词项，而保留量词和否定词等逻辑词。对于上述的论证例14-1，我们可以得到：

例14-1a　1. 所有M都是P。
2. 所有S都是M。
3. 所有S都是P。

在一个标准的三段论中，小项和大项出现在不同的前提中。包含大项的前提是“大前提”。因为论证例14-1的大项是“多边形”，所以它的大前提是：

1. 所有长方形都是多边形。

这个命题可以被符号化为：

1a. 所有M都是P。

包含小项的前提是小前提。因为论证例14-1的小项是“正方形”，所以它的小前提是：

2. 所有正方形都是长方形。

这个命题可以被符号化为：

2a. 所有 S 都是 M。

读者可能已经注意到，在上述两个三段论的例子中，大前提都最先出现，然后是小前提，最后是结论。这是一个经过重构的三段论的标准顺序。虽然在日常话语或写作中，一个三段论的前提和结论可以使用任何顺序，但当我们重构它时，前提必须按照标准的顺序放置（这在以后将变得特别重要）。现在我们可以确定在论证例 14-1 中，哪一个前提是大前提，哪一个前提是小前提：

例 14-1a 1. 所有 M 都是 P。 ⟸ 大前提
2. 所有 S 都是 M。 ⟸ 小前提
―――――――――
3. 所有 S 都是 P。

识别三段论

无论直言三段论在现实生活中以何种顺序出现，都可以通过首先确定其结论来识别。一旦我们确定了一个假定的三段论的结论，我们就可以检验它是否确实是一个三段论：结论的谓项作为大项，主项作为小项。在确定了这两个词项之后，我们接着查看论证的前提并询问：哪一个前提包含大项（即为大前提）？哪一个前提包含小项（即为小前提）？用标准顺序将这两个前提分别列为前提 1 和前提 2 之后，将相应的词项用符号代替，我们就可以确认该论证是不是一个三段

论。这是怎么做到的？通过应用专栏 14-2 中的规则。

专栏 14-2

直言三段论

作为一个合格的直言三段论，一个论证必须有三个直言命题，以及三个词项恰好出现在主项或谓项的位置，并且每一个词项出现两次。

请考虑如下论证：

例 14-3　所有的省长都是公务人员。因此，有些公务人员是省长。

论证例 14-3 不是一个三段论，因为词项和前提的数量都不够。

请比较如下论证：

例 14-4　由于没有蝾螈是夜行动物，没有蝾螈是蝙蝠。因为所有的蝙蝠都是夜行动物。

论证例 14-4 是一个三段论吗？它由两个句子组成，而要成为一个合格的三段论，它必须有两个前提和一个结论。但我们通过仔细查看这两个句子会发现，它们的确表达了三个直言命题。现在我们必须确认哪一个命题是结论。虽然没有结论指示词，但是第一个命题和第三个命题的开头分别有前提指示词“由于”和“因为”，它们可以帮助我们确认该论证的前提，从而确定其结论，它是：

没有蝾螈是蝙蝠。

从这个结论，我们可以马上得出“蝙蝠”（结论的谓项）是大项“*P*”，“蝾螈”（结论的主项）是小项“*S*”。这使得我们能够进一步确定大前提，即包含大项“蝙蝠”的前提：

所有蝙蝠都是夜行动物。

该三段论的小前提，即包含小项“蝾螈”的前提：

没有蝾螈是夜行动物。

接着，我们显然可以得到中项，即“夜行动物”，这是因为它是唯一一个出现在两个前提中的相关类型的词项。现在，我们可以用标准顺序重构该论证：

例 14-4a　1. 所有蝙蝠都是夜行动物。
　　　　　2. 没有蝾螈是夜行动物。
　　　　　———————————
　　　　　3. 没有蝾螈是蝙蝠。

专栏 14-3

直言三段论的构造模块

一个直言三段论（简称为三段论）：

（1）由三个直言命题构成；

（2）有三个词项，每一个都在论证中出现两次。

一个三段论的三个词项为：

名称		**逻辑功能**	**符号**
大项	⇒	结论的谓项	*P*
小项	⇒	结论的主项	*S*
中项	⇒	只在两个前提中出现	*M*

（1）大项和小项在前提中的出现决定了前提的名称和顺序。

（2）一个三段论的两个前提为

大前提　⇒　（首先列出）

小前提　⇒　（随后列出）

如前面所述，当小项、大项和中项被“*S*”“*P*”“*M*”代替后，我们将得到以下模式：

例14-4b　1. 所有 *P* 都是 *M*。

2. 没有 *S* 是 *M*。

3. 没有 *S* 是 *P*。

这是三段论的许多可能的模式之一。有些模式是有效的，而其他的则是无效的。在开始介绍一些用于确定哪些模式有效、哪些模式无效的方法之前，让我们更加仔细地了解这种三段论式的论证模式。

三段论式的论证形式

传统上，三段论被认为具有某种形式，这些形式是由三段论的格与式来确定的。我们将从格开始分析。

格

因为一个三段论有三个词项（大项、小项和中项），其中每一个词项都在主项或谓项的位置出现两次，所以任何此类论证都有四种可能的“格”或词项配置，如表 14-1 所示。

表 14-1

第 1 格	第 2 格	第 3 格	第 4 格
MP	*PM*	*MP*	*PM*
SM	*SM*	*MS*	*MS*
SP	*SP*	*SP*	*SP*

其中，每一种格都表示按照标准顺序排列的三段论的前提和结论（不考虑量词和系动词）。它们之间最大的不同点在于中项在前提中两次出现的位置。因此，中项在前提中的配置决定了任何一个三段论的格。我们可以通过只呈现每一个格的中项来强调这点，如表 14-2 所示。

表 14-2

第 1 格	第 2 格	第 3 格	第 4 格
M	*M*	*M*	*M*
M	*M*	*M*	*M*

因此，确认任何三段论的格是一件很简单的事情：一旦我们辨认出它的中项，我们就可以观察它是否在相应的主项或谓项的位置上出现，然后检查它属于哪一个格。这样，我们可以确定论证例 14-1 和例 14-2 属于第一格，而论证例 14-4 属于第二格。通过这个方法，我们可以确定任何三段论的格。

考虑下面的例子：

例 14-5　因为有些鲨鱼是海鱼，并且没有河生动物是海鱼，所以有些鲨鱼不是河生动物。

首先，我们辨认这个论证的结论，即：

有些鲨鱼不是河生动物。

因为我们现在知道“鲨鱼”是小项，“河生动物”是大项，所以我们可以继续辨认这个三段论的大前提和小前提，并且把它重构成如下形式：

例 14-5a　1. 没有河生动物是海鱼。

2. 有些鲨鱼是海鱼。

3. 有些鲨鱼不是河生动物。

用符号替换相关的词项，可以得到论证例 14-5a 的形式：

例 14-5b　1. 没有 P 是 M。

2. 某些 S 是 M。

3. 某些 S 不是 P。

当不考虑量词和系动词时，我们观察中项在每一个前提中出现的位置，就可以轻松地确定该三段论属于第二格。

专栏 14-4

如何确定一个三段论的格

（1）只关注中项作为主项或谓项在前提中的出现。

（2）结论总是以小项作为主项，以大项作为谓项。结论的谓项和主项决定了任一三段论中什么是大项和小项。

（3）"P" 表示大项，在前提 1（即包含大项的大前提）中出现。

（4）"S" 表示小项，在前提 2（即包含小项的小前提）中出现。

式

怎么样确定一个三段论的式呢？正如我们所见，一个三段论由三个直言命题构成：两个组成前提，一个作为结论。并且，所有直言命题必须是下列四种类型中的一种：全称肯定、全称否定、特称肯定或特称否定，它们的名称（正如我们在第 13 章所示）分别为 A、E、I 和 O。

一个三段论的式是其三个成员命题的名称列表。

在上述论证例 14-5b 中，大前提的类型是 *E*，小前提的类型是 *I*，结论的类型是 *O*，因而它的式是 EIO。在上面的其他例子中，论证例 14-1 的式是 AAA、论证例 14-2 的式是 EAE，论证例 14-4 的式是 AEE。现在考虑下面这个论证的形式：

例 14-6　1. 某些 *P* 是 *M*。
　　　　2. 某些 *M* 是 *S*。
　　　　———————
　　　　3. 某些 *S* 不是 *P*。

在论证例 14-6 中，两个前提的类型均为 *I*，结论的类型是 *O*，因此论证例 14-6 的式为 IIO（第四格）。那么下面这个论证呢？

例 14-7　1. 没有 *P* 是 *M*。
　　　　2. 没有 *S* 是 *M*。
　　　　———————
　　　　3. 某些 *S* 是 *P*。

因为论证例 14-7 的前提类型是 *E*，结论的类型为 *I*，所以它的式为 EEI。同时，根据论证例 14-7 的中项的位置，该论证属于第二格。

确定三段论的形式

因此，综合论证例 14-7 的式和格，我们得到 EEI-2。因为一个三段论的式和格构成了它的形式，所以我们可以等价地说论证例 14-7 的形式是 EEI-2。论证例 14-6 的形式是 IIO-4，以此类推。因此，三段论的形式是通过其式和格的组合而给出的。

在传统逻辑中，确定三段论的形式对确立它们的有效性十分关键，因为判断一个三段论是遵循还是违背特定有效性规则的依据正是它所具有的形式，关于有效性规则我们会在后文提到。但是，在这之前，让我们先回顾一下目前为止所介绍的步骤。

式 + 格 = 形式

我们尝试从头开始确认三段论形式的整体过程。请考虑如下论证：

例 14-8　没有无线局域网的学校公寓不是居住的合适场所。毕竟有些没有无线局域网的学校公寓是老建筑，但是有些老建筑不是居住的合适场所。

论证例 14-8 的结论是：

没有无线局域网的学校公寓不是居住的合适场所。

我们怎么知道的？因为我们仔细地分析了这个论证并且问自己：我们要做出什么断言？（另外，前提通过一个指示词“毕竟”给出。）在找到这个结论之后，我们分别寻找它的谓项和主项，它们分别为大项和小项：

P =“居住的合适场所”

S =“没有无线局域网的学校公寓”

现在我们可以辨认这个三段论的大前提和小前提。因为大前提必须包含大项，它一定是：

有些老建筑不是居住的合适场所。

所以我们可以把它放在第一个前提的位置。同样地，小前提必须包含小项，因此它一定是：

有些没有无线局域网的学校公寓是老建筑。

这是第二个前提。因而被重构的三段论是：

例 14-9
1. 有些老建筑不是居住的合适场所。
2. 有些没有无线局域网的学校公寓是老建筑。
---
3. 没有无线局域网的学校公寓不是居住的合适场所。

论证例 14-9 例示了下面的模式：

例 14-9a
1. 某些 M 不是 P。
2. 某些 S 是 M。
---
3. 没有 S 是 P。

任何符合该模式的三段论都有 OIE-1 的形式。例如：

例 14-10 1. 有些中央情报局特工不是联邦调查局特工。
2. 有些女性是中央情报局特工。
3. 没有女性是联邦调查局特工。

论证例 14-10 出错了，并且任何与上述论证例 14-9 有相同模式的三段论都是错误的。很明显，任何此类三段论都有真前提和假结论。接下来我们要分析哪些三段论的模式是有效的，哪些不是有效的。

用文恩图检验有效性

三段论的词项配置可能产生 256 个不同的形式。因为其中有些是有效式，有些不是，有某个可靠的方法来确定任何给定三段论的形式是否有效就显得至关重要。实际上，有很多不同的方式可以检验有效性，但此处我们只重点介绍一种被广泛接受的基于文恩图的方法，其基础知识已在第 13 章有所介绍。

如何图示一个标准三段论

在使用文恩图检验三段论的有效性时，我们把直言命题的二圆图修改为一个更大的三圆图。如图 14-1 所示。

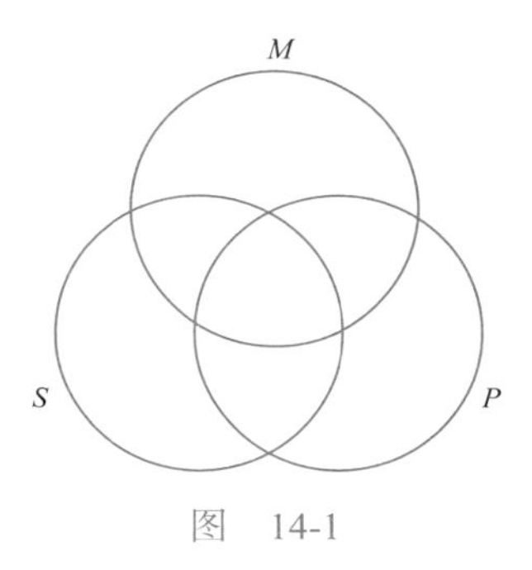

图　14-1

这里的圆代表了三段论三个词项所表述的三类不同的事物。下方被标为“*S*”和“*P*”的两个圆是三段论小项和大项表述的类。

专栏 14-5

有效性和文恩图

所有三段论都可以用文恩图来检验有效性，从图 14-1 所示的三个相交的圆开始。文恩图一完成，就能明确该三段论是否是有效式。

上方被标记为“*M*”的圆表示的是三段论中项所指谓的类。现在要注意这个图的另一点：在这个图中我们可以找到两个重要的子类空间图形，这是整个图中非常关键的部分。对此我们已经在第 13 章的二圆图中有所接触。它们就是图 14-2 的橄榄球形状和图 14-3 的月牙形状。

图 14-2　　图 14-3

在三圆文恩图中，有三个橄榄球形状。你能找到在哪里吗？还有六个月牙形状，你能找出来吗？为了在三圆文恩图中打上阴影或标上字母，我们只对橄榄球或月牙形状进行处理。如果给其他形状打上阴影或标上字母，你用的就不是文恩图系统。

最后要注意，在三圆文恩图中，有三种不同的方法对圆进行组对。

这三种组合分别标志着三段论的三个命题所代表的论域：*M* 和 *P* 被用来图示三段论的“大前提”，*M* 和 *S* 图示“小前提”，*S* 和 *P* 图示“结论”，如图 14-4 所示。此外，我们使用三圆文恩图的目的是检测三段论的有效性。我们需要使用第 13 章中关于四类直言命题的文恩图的知识，一次性通过两个圆来图示命题。想要完成文恩图，我们每次都需考虑代表大前提、小前提和结论的成对的圆。每种情况下都要忽略与当前论证无关的圆。为明确如何正确画出文恩图，我们举一个三段论的例子。

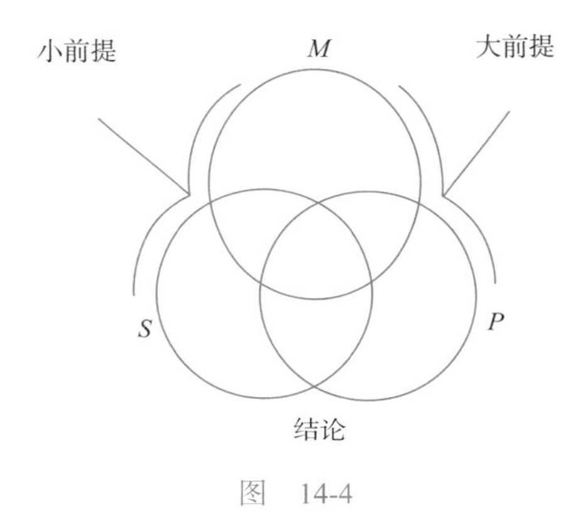

图　14-4

例 14-11　1. 没有诗人是愤世嫉俗者。
2. 所有的警探都是诗人。
3. 没有警探是愤世嫉俗者。

快速考察这个按照标准顺序排列的三段论，论证分析的第一步骤已经完成。随后我们可知其大项是“愤世嫉俗者”，小项是“警探”，中项是“诗人”，因此该论证是 EAE-1 式的一个实例。下面将例 14-11 抽象成符号公式以详细说明 EAE-1 式。

例 14-11a　1. 没有 M 是 P。
2. 所有 S 是 M。
3. 没有 S 是 P。

现在来看，该三段论形式是有效的还是无效的呢？一个文恩图就能检测其有效性。首先要遵循的检测规则如下：

先图示三段论前提，而不是结论。

因此在该阶段我们只关注各由两个圆所组成的两个集合。其中一个集合被用来表示大前提（见图 14-5），另一个表示小前提（见图 14-6）。

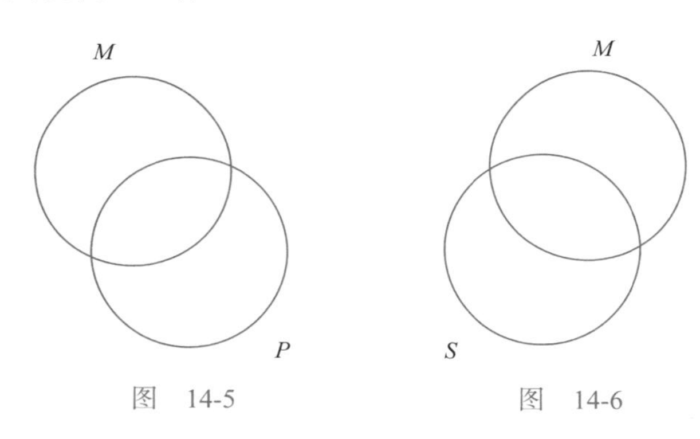

图 14-5　　图 14-6

那么我们应该先图示哪个前提呢？下面将介绍操作规则，具体原理如下：

如果三段论的两个前提是由全称前提和特称前提构成，无论其具体内容如何，都要首先图示全称前提。但如果两个前提都是全称前提或者都是特称前提，那么先图示哪个前提并不重要。

在论证例 14-11a 中，两个前提都是全称前提，因此首先图示哪个前提并不重要。随意选择一个作为大前提，比如

“没有 S 是 P” 形式的 E 命题。前文图示方法如图 14-7 所示。

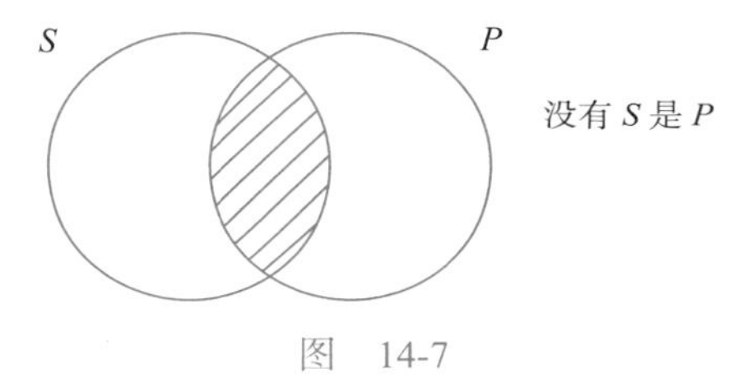

图　14-7

如果想在更大的图中利用上述相交的圆，那么就如图 14-8 所示。

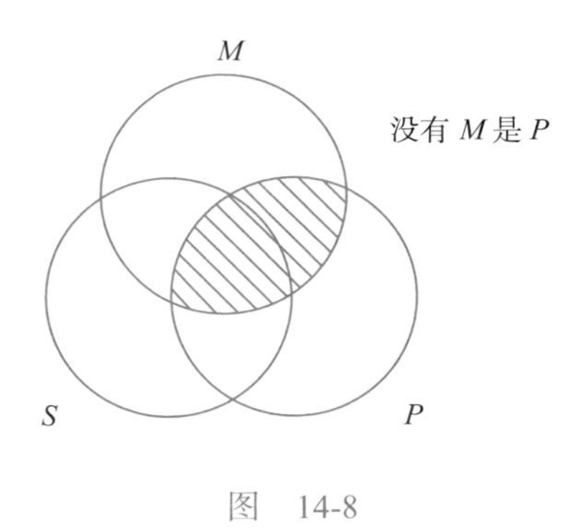

图　14-8

这是大前提。小前提又该如何呢？论证例 14-11a 中的小前提是一个 A 命题，我们可以用两个圆组成的文恩图表示，如图 14-9 所示。

如果图 14-9 表示的是小前提，那么，表达论证的图如图 14-10 所示。

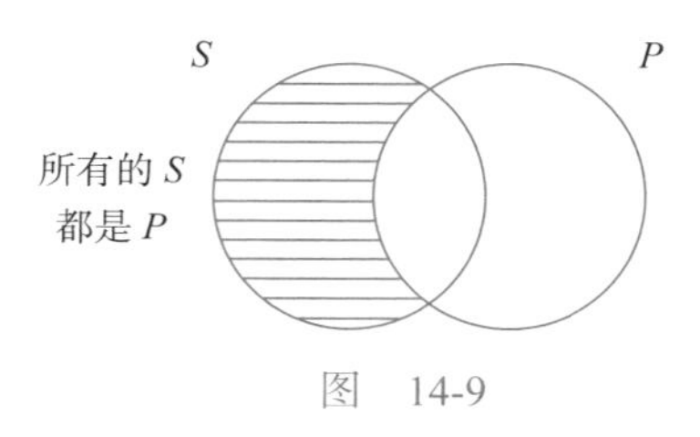

图 14-9

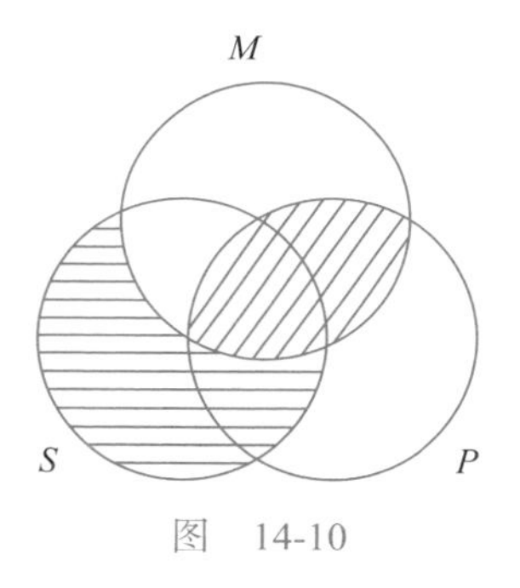

图 14-10

如此，图中包含了全部前提，这个文恩图是完整的了，我们不需要再加入任何标志。最后一个步骤：暂不讨论代表中项的圆，仔细观察标志三段论结论的几个圆后，想一想图中是否包含了代表结论的直言命题的二圆文恩图？如果是，那么文恩图说明了该论证形式是有效的，反之无效。因为论证例 14-11a 中的结论“没有 *S* 是 *P*”是一个 E 命题，其文恩图与图 14-7 相同。观察图 14-10 可知，*S* 和 *P* 重叠的呈橄榄球形状的部分确实已被打上阴影。由此文恩图证明了论证例 14-11a 即 EAE-1 式的有效性。任何具有该形式的三段论同样有效。规则如下：

如果在画三段论的两个前提时，结论在文恩图中得到自然地呈现，那么论证是有效的。如果图中并不包含结论，那么该三段论无效。

现在让我们使用文恩图来测试另一个三段论：

例 14-12 1. 有些保守派是公众人物。
2. 所有的政治家都是公众人物。
3. 有些政治家是保守派。

这又是一个按照标准顺序排列的三段论，分析的第一步已完成。由于论证是按照标准的顺序放置，可知三段论的大项是“保守派”，小项是“政治家”，中项是“公众人物”。论证例 14-12a 的模式如下：

例 14-12a 1. 某些 P 是 M。
2. 所有 S 是 M。
3. 某些 S 是 P。

该模式是 IAI-2。为了检测该模式下的三段论的有效性，我们来构造一个文恩图。上文提到，当我们仅仅图示前提（不包括结论）时，会发现图示论证两个前提的次序是很重要的。原因是该三段论中的两个前提一个是全称前提，另一个是特称前提，必须先图示全称前提，然后再图示特称前提。就该三段论而言，我们不得不先图示小前提，再图示大前提。小前提是一个 A 命题，在文恩图中表示如图 14-11 所示。

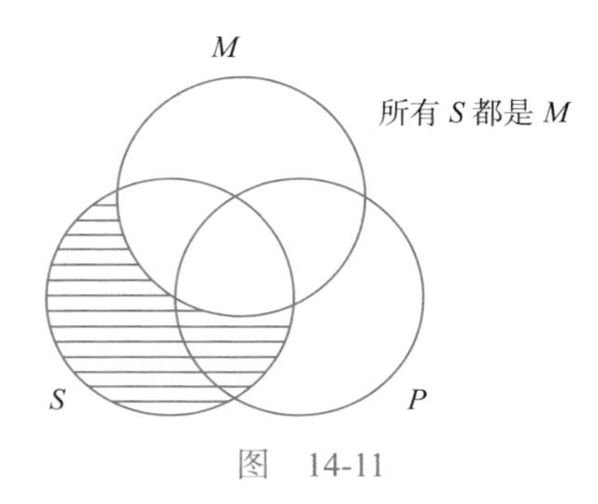

图　14-11

然后，再画三段论的大前提，I 命题，如图 14-12 所示。

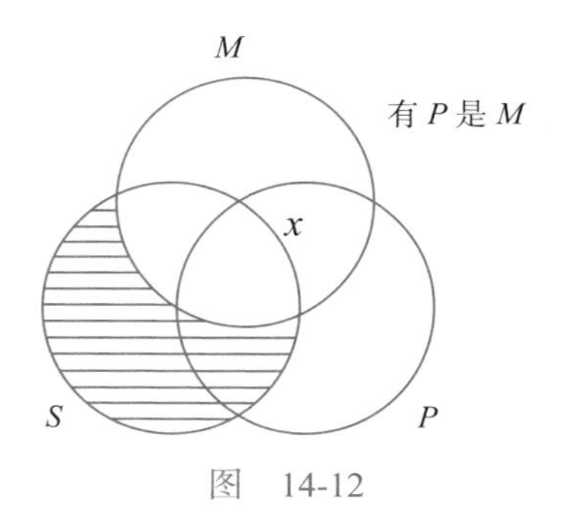

图　14-12

I 命题的文恩图如图 14-13 所示。

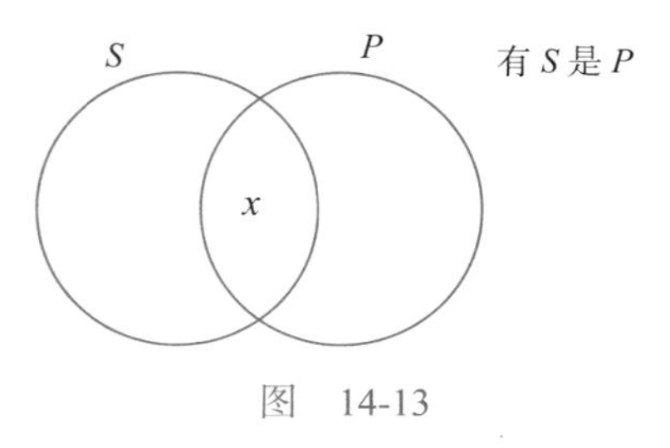

图　14-13

类似地，该三段论大前提的文恩图如图 14-14 所示。

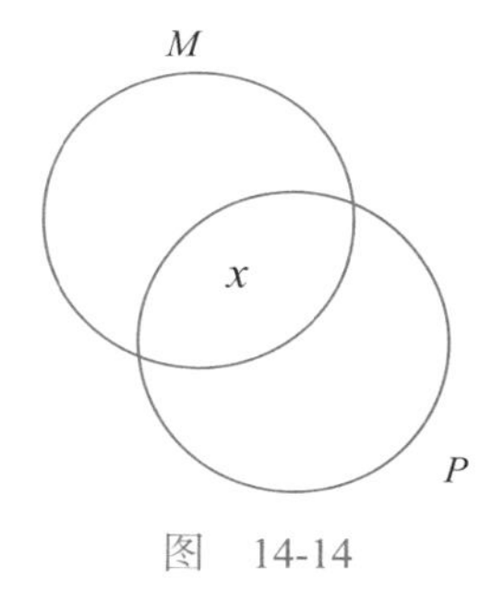

图　14-14

但为什么图 14-12 中的“x”被标在 M 和 P 相交的橄榄球形区域里的线上？显然如果我们将“x”放入橄榄球区域，这意味至少是存在 M 是 P。而我们仍需要决定把“x”放在交界线的哪一侧。如果橄榄球区有一侧的区域被打上阴影，那么“x”应该加在非阴影区域。但问题是两侧都没有被打上阴影，因此无法判断“x”应该加在哪一侧。我们所知道的仅仅是“x”应该加在橄榄球区的某个位置，所以，通过把“x”放在橄榄球区的交界线上，以表明它属于该区域，却未明确说明到底属于哪一侧（当然 x 并不总是标在交界线上，只是此处如此）。

现在让我们观察图 14-12，看看形如例 14-12 这样的 IAI-2 的有效性如何。该论证的结论是“某些 S 是 P”，只有当结论从文恩图的两个前提中得到自然地呈现时，该形式才被证明是有效的。作为结论的 I 命题，当且仅当成对的圆表

明了存在处于 *S* 和 *P* 的重叠区的“*x*”时，其形式才是有效的。事实上，我们从图中无法得出结论。在图 14-12 中，*S* 和 *P* 重叠的橄榄球区部分被打上阴影，“*x*”在圆 *S* 的边界上。因为并不能确定是否存在这样的“*x*”于橄榄球状内，然而这就足以让我们通过文恩图断定 IAI-2 是无效式。这里完成两个前提的图解后，结论无法在文恩图的底部得到自然地呈现。因此 IAI-2 是无效的，而所有 IAI-2 式的三段论也都是无效的。我们已经证明，无论构成这个论证的命题的真值如何（该例中它们都是真的），其结论并不能有效地从前提导出。

专栏 14-6

如何理解文恩图的结果

使用文恩图检验三段论的有效性，我们需要首先图示三段论的前提，然后检验是否能从图中已有的前提图解自然地呈现结论。如果是，那么该三段论有效，反之无效。

最后让我们使用文恩图来检验 OIE-1 式三段论的有效性。比如，将上文论证例 14-9 符号化为如下形式：

例 14-9a 1. 某些 *M* 不是 *P*。
2. 某些 *S* 是 *M*。
―――――――――
3. 没有 *S* 是 *P*。

因为两个前提都是特称前提，所以先图示哪个前提无关紧要。我们先图示小前提，如图 14-15 所示。

增加大前提，如图 14-16 所示。

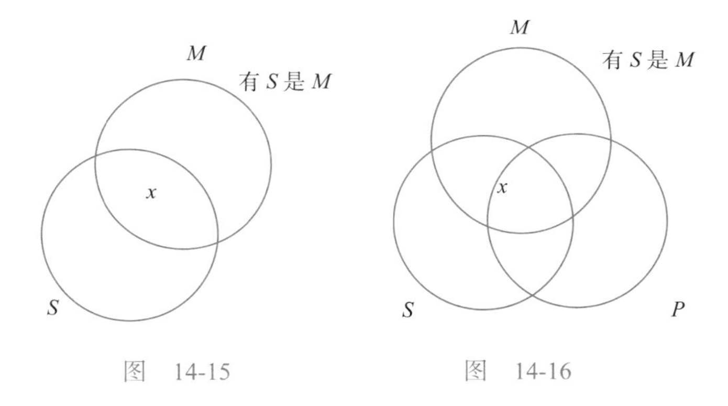

图　14-15　　　　图　14-16

大前提的图解表明存在这样的“x”，在圆 M 内而不在 P 内。如图 14-17 所示。

当用三圆图代表前提时，如图 14-18 所示。

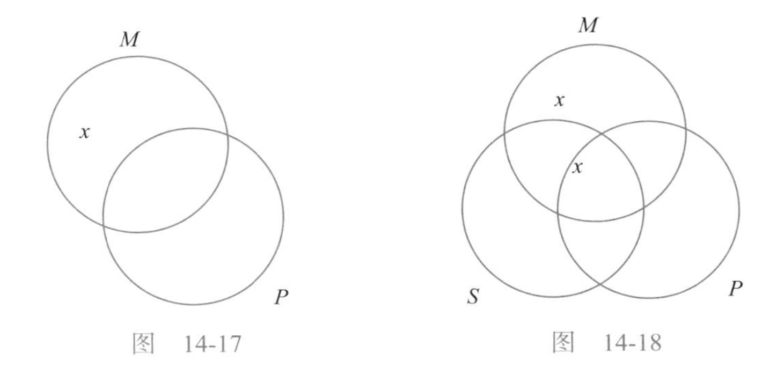

图　14-17　　　　图　14-18

为什么会得到这样的图呢？因为在图 14-18 中，代表命题“某些 M 不是 P”的“x”所在的月牙形区域，被 S 和 M 的交界线分隔开，其两侧都未打上阴影。一旦新月状的一侧被打上阴影，“x”应标在另一侧。但是该新月状内部没有阴影，因此如果我们要在内部标上“x”，就必须把“x”放在分割月牙的交界线上，以表明我们并不明确“x”应属于交界线的哪一侧。考虑到代表“不是 P 的 M”的月牙图被分界线分割开来，因此并不容易决定“x”属于分界线的哪一边。

现在我们已完成文恩图，接下来验证有效性。我们把论证的结论和代表结论部分的文恩图相匹配，结果是怎样的呢？显然，在该论证中二者是不匹配的，原因在于论证的结论是一个 E 命题——“某些 S 是 P”。任何一个命题的正确文恩图表明，S 和 P 的交叉部分应是打上阴影的（见图 14-7），但图 14-18 并不是如此图示命题的。因此这是个关于两个前提的图解过程无法自然地推导出底部二圆所代表的结论图解的实例。该文恩图可证明 OIE-1 式三段论是无效的。同理推导论证例 14-9 是无效的。

专栏 14-7

本节小结

如何使用文恩图检验三段论的有效性：

- 画三个交叉的圆。
- 首要图示前提。

（1）如果一个前提是全称前提，另一个前提是特称前提，无论其大小前提都要首先图示全称前提。

（2）但如果两个前提都是全称前提或者都是特称前提，那么先图示哪个前提并不重要。

- 完成图示前提之后，如果文恩图已明确图示结论，那么论证是有效的，反之无效。

项的周延

虽然文恩图已经为我们提供了一种检查三段论形式有效性的可靠方法，但它并不是唯一的办法。另一种方法依赖的是有效三段论必须遵守的几条规则以及力求避免的几个谬误。在本章剩余部分，我们将讲解在亚里士多德传统逻辑基础上考察该技术的一些细节。

为了使用这个方法，首先需要弄懂项的周延概念。

在前文中，“项”的一个词义是指称直言命题具有实义的部分。命题的主项和谓项都是它的项。“周延”一词可以指称一类事物的全体。肯定全称命题的周延模式如下：

A 命题 = 主项周延 + 谓项不周延

例 14-13　所有橘子都是柑橘类水果。

因此，在例 14-13 中，主项“橘子”是周延的，这是因为首个词项“所有”显然是指称橘子类的所有元素。而谓项

“柑橘类水果”并不是周延的，因为该句中没有任何全称词汇指称柑橘类的所有元素。

否定全称命题的周延模式如下：

E 命题 = 主项周延 + 谓项周延

例 14-14 没有苹果是柑橘类水果。

如在第 13 章所示，论证例 14-14 逻辑上等价于例 14-14a。

例 14-14a 没有柑橘类水果是苹果。

无论是哪种表达方式，这两个命题都否定了苹果类的所有元素属于柑橘类水果，同时也否认了柑橘类水果的所有元素属于苹果。换一种角度，论证例 14-14 断言了苹果类与柑橘类水果的全部元素之间所有的相互关系的结论。显然，论证例 14-14 的主项和谓项都是周延的。该例中我们阐述了类的所有元素（即两类相互排斥对方）。

现在让我们关注特称命题的周延模式。其一是肯定特称命题，例如：

例 14-15 有些橘子是可食用的水果。

其二，否定特称命题形式如下：

例 14-16 有些橘子不是可食用的水果。

任何肯定特称命题的周延模式如下：

I 命题 = 主项不周延 + 谓项不周延

任何否定特称命题的周延模式如下：

O 命题 = 主项不周延 + 谓项周延

论证例 14-15 相当于至少存在一个橘子是可食用的水果。该命题的主项是非周延的，原因在于词项“有些水果”并不指称橘子类里的所有元素。同理，谓项“可食用的水果”也是不周延的，原因在于，该词项并不指称可食用水果类里的全部元素，而指称可食用水果类中是橘子的部分。

最后，虽然从论证例 14-15 的主项可推出论证例 14-16 的主项同样不周延，但论证例 14-16 的谓项却是周延的。为什么呢？原因在于该谓项指称的是作为整体的可食用类水果。这是很显然的，论证例 14-16 被重构为这样一个命题：至少存在一个不属于可食用类水果（作为整体而言）的橘子。即可食用水果一类的全体排除这样的一个橘子。

综上所述，周延的四种模式如下：

A（肯定全称）	所有 *S* 是 *P*	主项周延，谓项不周延
E（否定全称）	没有 *S* 是 *P*	主项周延，谓项周延
I（肯定特称）	有 *S* 是 *P*	主项不周延，谓项不周延
O（否定特称）	有 *S* 不是 *P*	主项不周延，谓项周延

请记住上文及下图的周延模式，这些将使你更轻松地运用有效性规则去检验三段论式的论证形式是否有效，如图 14-19 所示。

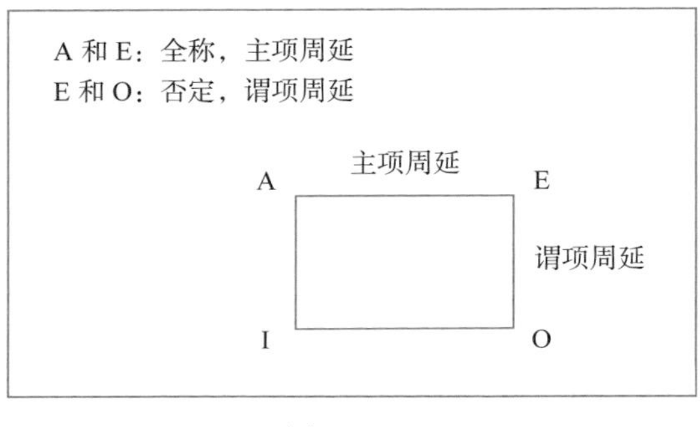

图 14-19

有效性规则及三段论谬误

本节我们来关注可应用于检验任何给定的直言命题有效性的六条规则。

专栏 14-8

通过这六条规则判定有效性

- 任何遵守所有这六条规则的三段论都是有效的。
- 任何违背其中一条的三段论都是无效的，当然一些三段论可以违背多条规则。

同时，当这些规则被打破时，我们也要考察所犯下的谬误类型。下文我们将谈到在亚里士多德逻辑中首个被提出来的规则。这些规则整体可以被看作一个可替换文恩图来检测三段论有效性的处理过程。首先让我们分别考虑这些规则及其基本原理。

规则1：一个三段论必须仅包含意义明确的三项。

三段论的结论是其中两个词项以某种关联相联系的直言命题。但当且仅当只有存在第三个词项同时分别联系着结论中的主项和谓项时，这二者才有关联。这就是说，如果一个三段论想要从两个前提有效地推出结论，就必须明晰地包含三项。这三项不能多也不能少，而且每一项需在三段论中出现两次：其中大项作为结论的谓项和大前提的主项或谓项出现；小项作为结论的主项和小前提的主项或谓项出现；中项在两前提中各出现一次，通常作它的主项或谓项。

但有时，有的三段论的词项在两个位置上有着不同的含义，如此会破坏有效性规则。而这样的论证是模棱两可的。任何犯了这样错误的论证都被称为“**四项谬误**”。考虑如下：

例14-17　1. 所有委员会的成员都是阴险之人（snake）。
2. 所有的蛇（snake）都是爬行动物。
3. 所有委员会的成员都是爬行动物。

显然，词项“snake”以两种不同的意义被使用。这导致该三段论犯了四项谬误。因此它也是无效的。

规则2：中项至少周延一次。

回顾上文，一个三段论的中项是只会出现在两个前提位置的词项。它在连接大项和小项时发挥作用，因此结论中的大项和小项才有了关联。但是中项只有在至少一次在前提中指称类的全部对象时，才能发挥作用。如果中项仅仅在大前提中指称类的部分对象，而在小前提中指称类的另一部分对象，那么大项和小项分别与中项的不同部分发生了联系，从而导致二者不必然相关联。由此导致大项和小项之间的关联并不足以支撑三段论的结论。任何犯了中项不周延谬误的三段论都是无效的，正如下面这个论证，同样也是无效的：

例 14-18 1. 所有野生鸽子都是有羽毛的鸟类。
2. 有些有羽毛的鸟类是分散攻击类动物。
3. 有些分散攻击类动物是野生鸽子。

规则 3：在结论中周延的项，在前提出现的位置上也必须周延。

上文我们曾说过，论证有效性的一个标志是它的结论必须能从前提逻辑地推导出来。但如果论证的结论比前提断定了更多的东西，那么论证就是无效的。三段论作为一个演绎性论证而言，当它的结论所表达的内容远超出前提所表达的内容时，必然是无效的。即三段论中的小项或大项在结论中是周延的（指称类的全部元素），但在前提中出现时却是不周延的（仅指称类的部分元素）。犯了不当周延谬误的三段论，可能是大项超出了前提，也可能是小项超出了前提，所以该谬误有如下两种表现形式，如图14-20所示。

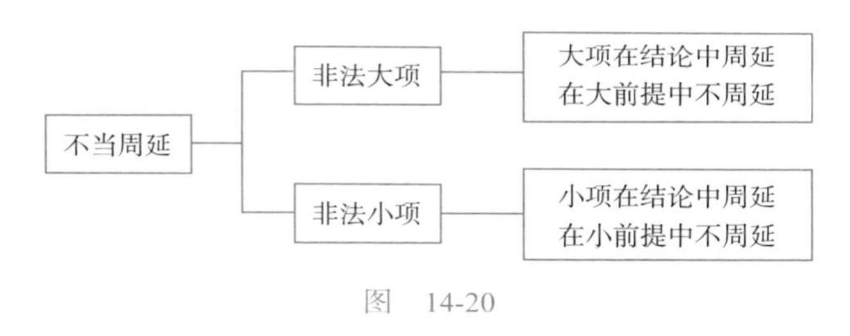

图　14-20

例14-19　1. 所有的老虎都是猫科动物。
2. 没有狮子是老虎。
3. 没有狮子是猫科动物。

论证例14-19的结论中的词项“猫科动物”，指称所有类的猫科动物，即可以说所有狮子都在猫科动物之外。但前提1并没有断言所有猫科动物，因为这里的“猫科动物”一词是不周延的。该论证所犯的谬误是“大项的非法周延”（简称“非法大项”）。

考察下面的例子：

例14-20　1. 所有的人体炸弹袭击者都是自愿去赴死的人。
2. 所有的人体炸弹袭击者都是当今现状的反对者。
3. 所有当今现状的反对者都是自愿去赴死的人。

论证例14-20结论中词项“当今现状的反对者”涵括了

某类较特殊的人的全部。即可以说大项所指称的类包含了词项“当今现状的反对者”。但前提2并没有包括全部类的人，因为词项“当今现状的反对者”是A命题的谓项，自然是不周延的。该论证所犯的谬误是“小项的非法周延”（简称“非法小项”）。

最后，一个论证也是有可能同时犯下这两个谬误的。此外，因为在I类命题中没有周延的词项，所以任何结论是I类命题的三段论都不需要遵守规则3。但如果结论是A、E或O命题，那么它一定包含周延的项。而具有逻辑思维能力的人将会核实结论中周延的词项也在相应的前提中周延。

规则4：一个有效的三段论不可以有两个否定前提。

如果一个三段论的大前提是否定的，那么它的中项和大项所代指的类，或部分或全部是相互排斥的。同理，如果三段论的小前提是否定的，那么中项和小项所代指的类，同样是或部分或全部相互排斥。由于小项和大项所代指的类之间的关系是不明确的，所以前提无法有效地推出结论。这种情况下，该论证犯了所谓的“排斥前项谬误”。

例14-21 1. 没有蕨类植物是树木科。
2. 一些榆树不是蕨类植物。
———————————
3. 一些榆树不是树木科。

规则4的要点在于前提的某些组合导致三段论无效：EE，

EO，OE，OO。为了避免这样的谬误，如果三段论的一个前提是否定的，那么另一个必须是肯定的。

规则 5：如果有一个前提是否定的，那么结论一定也是否定的；如果结论是否定的，那么必然存在一个前提也是否定的。

回顾上文，肯定直言命题表示类之间的包含关系，或是一类完全包含在另一类中（A 命题），或是一类的部分被包含在另一类中（I 命题）。因此，仅当三段论的两个前提中都表示了类的包含关系时，才能在肯定性结论中有效地推出类的包含关系。另一方面，三段论的两个肯定性前提（仅仅断言包含关系）不能有效地推出表示类的排斥关系这样的否定性结论。

当三段论违反了规则 5 时，它或者犯下了从一个否定前提推肯定结论的谬误，或者犯了从两个肯定前提推否定结论的谬误。无论是哪种谬误，这个三段论都是无效的。例如：

例 14-22　1. 所有的人都是哺乳类动物。
　　　　　2. 有些蜥蜴不是人类。
　　　　　3. 有些蜥蜴是哺乳类动物。

这个论证就犯下从一个否定前提推肯定结论的谬误。看下面这个例子：

例 14-23　1. 所有的诗人都是富有创造性的作家。
2. 所有富有创造性的作家都是作者。
3. 没有作者是诗人。

该例犯下了从两个肯定前提推否定结论的谬误。非常明显，所有违反规则 5 的三段论都是无效的，因此我们很少碰见犯了该类谬误的三段论。最后请记住，任何只包含肯定命题的三段论都默认遵守规则 5。

规则 6：如果两个前提都是全称的，那么结论也一定是全称的。

正如我们在前面的章节所见，四类标准式直言命题中只有 I 和 O 命题具备存在含义。即，只有 I 命题和 O 命题通过主项假定了实体的存在。因此包含两个全称前提和一个特称结论的三段论是无效的。任何从没有存在含义的前提推出有存在含义的结论，这样的三段论都违背了规则 6，即犯下了所谓的存在谬误。例如：

例 14-24　1. 所有能呼吸的生物都是人。
2. 所有美人鱼都是能呼吸的生物。
3. 有些美人鱼是人。

该论证的结论与“至少存在一个美人鱼是人”相等价——以支持美人鱼的存在。最后请记住，任何包含一个特称前提或两个特称前提（如 I 类型或 O 类型）的三段论都默认遵守规则 6。

有效性规则与文恩图

这六条有效性规则中的每一条都规定了使直言三段论有效的必要条件。因此遵守其中任何一条规则的三段论都满足了使其有效的必要条件。当然，这并不构成有效性的充分条件。只有遵守全部六条规则，才构成使其成为有效三段论的充分条件。因此这项技术不仅提供了一种检查有效性的方法，并且完全和文恩图一样可靠。这些规则也可与文恩图同时使用。因此，如果一种方法出了错，另一种方法也能够检查出来。任何三段论形式如果犯了以上一条乃至更多的谬误，都会在文恩图中显示其无效性。任何时候，如果一个文恩图显示形式是无效的，我们就会在三段论形式中发现一个或多个的谬误。同样地，任何遵守全部六条规则的三段论形式也将在文恩图上显示出它的有效性。

为了使用有效性规则和谬误的方法来检验三段论形式的有效性，你需要做两件事：①用心地记住哪条规则和哪条谬误是相对应的；②请记住规则和谬误不是阐述同一件事情的两种不同方法！规则是当我们断言三段论有效性时，心中所应牢记的指示要求。谬误是潜藏在违反三段论规则的推理之中的错误。每条谬误都忽视一条或多条规则。

再次总结：全部六条规则才能构成三段论有效性的充要条件，犯了任意一条谬误都将使三段论无效。因为有效的三段论是保留真值的，那么就应该遵守规则以避免谬误。

现在总结这些谬误和六条有效性规则。如表 14-3 所示。

表 14-3 总结

谬　误	所违反的规则
四项谬误	1. 一个三段论必须仅包含意义明确的三项
中项不周延谬误	2. 中项至少周延一次
大 / 小项不当周延谬误	3. 在结论中周延的项，在前提出现的位置上也必须周延
排斥前项谬误	4. 一个有效的三段论不可以有两个否定前提
从一个否定推出肯定谬误；从两个肯定推出否定谬误	5. 如果有一个前提是否定的，那么结论一定也是否定的；如果结论是否定的，那么必然存在一个前提也是否定的
存在谬误	6. 如果两个前提都是全称的，那么结论也一定是全称的

思考力丛书

学会提问（原书第 12 版·百万纪念珍藏版）

- 批判性思维入门经典，真正授人以渔的智慧之书
- 互联网时代，培养独立思考和去伪存真能力的底层逻辑
- 国际公认 21 世纪人才必备的核心素养，应对未来不确定性的基本能力

逻辑思维简易入门（原书第 2 版）

- 简明、易懂、有趣的逻辑思维入门读物
- 全面分析日常生活中常见的逻辑谬误

专注力：化繁为简的惊人力量（原书第 2 版）

- 分心时代重要而稀缺的能力
  就是跳出忙碌却茫然的生活
  专注地迈向实现价值的目标

学会据理力争：自信得体地表达主张，为自己争取更多

- 当我们身处充满压力焦虑、委屈自己、紧张的人际关系之中，
  甚至自己的合法权益受到蔑视和侵犯时，
  在“战和逃”之间，
  我们有一种更为积极和明智的选择——据理力争。

学会说不：成为一个坚定果敢的人（原书第 2 版）

- 说不不需要任何理由！
  坚定果敢拒绝他人的关键在于，
  以一种自信而直接的方式让别人知道你想要什么、不想要什么。

图书在版编目（CIP）数据

逻辑思维简易入门：原书第 2 版 /（美）加里·西伊（Gary Seay），（美）苏珊娜·努切泰利（Susana Nuccetelli）著；廖备水，雷丽赟，冯立荣译．—北京：机械工业出版社，2023.11

（思考力丛书）

书名原文：How to Think Logically, Second Edition

ISBN 978-7-111-73884-8

I. ①逻… II. ①加… ②苏… ③廖… ④雷… ⑤冯… III. ①逻辑思维—通俗读物 IV. ① B804. 1-49

中国国家版本馆 CIP 数据核字（2023）第 194124 号

机械工业出版社（北京市百万庄大街 22 号 邮政编码 100037）

策划编辑：向睿洋　　责任编辑：向睿洋

责任校对：韩佳欣　张　征　　责任印制：单爱军

北京联兴盛业印刷股份有限公司印刷

2023 年 11 月第 1 版第 1 次印刷

130mm × 185mm · 12.625 印张 · 2 插页 · 250 千字

标准书号：ISBN 978-7-111-73884-8

定价：89.00 元

电话服务	网络服务
客服电话：010-88361066	机　工　官　网：www.cmpbook.com
010-88379833	机　工　官　博：weibo.com/cmp1952
010-68326294	金　　书　　网：www.golden-book.com
封底无防伪标均为盗版	机工教育服务网：www.cmpedu.com

Think **different.**
Be different.

|作 者 简 介|

加里 · 西伊（Gary Seay）

纽约城市大学哲学教授，教授形式逻辑和非形式逻辑超过 30 年。他的文章曾在《美国哲学季刊》《价值研究杂志》《医学与哲学杂志》《剑桥健康伦理学季刊》等刊物上发表，并出版过《语言哲学概论》等多部关于逻辑、哲学的著作。

苏珊娜 · 努切泰利（Susana Nuccetelli）

明尼苏达州立圣克劳德大学哲学教授。她在认识论和语言哲学方面的文章曾在《分析》《美国哲学季刊》《元哲学》《哲学论坛》《探索》《南方哲学杂志》等刊物上发表，编写及出版了多部哲学著作。

design：奇文雲海 Chival IDEA